神奇的海洋水产品系列丛书

神奇的 南极磷虾

王联珠

郭莹莹

王黎明◎主编

中国农业出版社

北　京

图书在版编目（CIP）数据

神奇的南极磷虾 / 王联珠，郭莹莹，王黎明主编．
—北京 ：中国农业出版社，2022.3（2024.6重印）
ISBN 978-7-109-29190-4

Ⅰ．①神… Ⅱ．①王… ②郭… ③王… Ⅲ．①虾类−
普及读物 Ⅳ．①Q959.223−49

中国版本图书馆 CIP 数据核字 (2022) 第 036942 号

神奇的南极磷虾
SHENQI DE NANJILINXIA

中国农业出版社出版
地址：北京市朝阳区麦子店街18号楼
邮编：100125
策划编辑：杨晓改
责任编辑：杨晓改 郑 珂 文字编辑：杨 爽
版式设计：艺天传媒 责任校对：刘丽香
印刷：北京通州皇家印刷厂
版次：2022年3月第1版
印次：2024年6月北京第4次印刷
发行：新华书店北京发行所
开本：700mm×1000mm 1/16
印张：12.25
字数：210千字
定价：68.00元

► 丛书编委会

主　编：刘　淇　毛相朝　王联珠

副主编：曹　荣　江艳华　郭莹莹　孙建安
　　　　赵　玲　王黎明　王　欢

编　委（按姓氏笔画排序）：
　　　　王　颖　王宇夫　朱文嘉　刘小芳
　　　　孙慧慧　李　亚　李　娜　李　强
　　　　李志江　邹安革　孟凡勇　姚　琳
　　　　梁尚磊　廖梅杰

▶ 本书编写人员

主　　编：王联珠　郭莹莹　王黎明

副 主 编：Lena Burri　刘小芳　夏　鸿　曹　荣
　　　　　李　娜

编写人员（按姓氏笔画排序）：
　　　　　Lena Burri　王　锴　王联珠　王新良
　　　　　王黎明　朱文嘉　朱建成　刘　淇
　　　　　刘力宁　刘小芳　刘志通　江艳华
　　　　　孙伟红　李　亚　李　娜　余奕珂
　　　　　金晓恬　赵　玲　姚　琳　夏　鸿
　　　　　郭莹莹　曹　荣　彭吉星　蒋　昕
　　　　　魏明峰

▶ 序

　　海洋是人类赖以生存的"蓝色粮仓"，我国自 20 世纪 50 年代后期开始关注水产养殖发展，经过几十年的沉淀，终于在改革开放中使得海洋水产品的生产获得了跨跃式的发展。水产养殖业为国民提供了 1/3 的优质动物蛋白，不仅颠覆了传统的、以捕捞为主的渔业发展模式，带动了世界渔业的发展和增长，也为快速解决我国城乡居民"吃鱼难"、保障供给和粮食安全、提高国民健康水平作出了突出贡献。

　　海洋水产品不仅营养丰富，还含有多种生物活性物质，对人体健康大有裨益，是药食同源的典范。在中华民族传统医学理论中，海洋水产品大多具有保健功效，能益气养血、增强体质。随着科学技术的发展，科技工作者对海洋水产品中各种成分，尤其是生物活性成分，进行了广泛且深入的研究，不仅验证了中医临床经验所归纳的海洋水产品的医疗保健功效，还从中发现了许多新的活性成分。

　　近年，为落实中央双循环发展战略，推动国内市场水产品流通，促进内陆居民消费海洋水产品，农业农村部渔业渔政管理局印发了《关于开展海水产品进内陆系列活动的通知》。通过海洋水产品进内陆系列活动，鼓励大家多吃水产品、活跃内陆消费市场、丰富群众菜篮子、改善膳食营养结构、提高内陆居民健康水平。

为了帮助读者更多地了解海洋水产品，中国水产科学研究院黄海水产研究所、中国海洋大学等单位的多位专家和科普工作者共同编写了"神奇的海洋水产品系列丛书"，涵盖鱼、虾、贝、藻、参等多类海洋水产品。该丛书从海洋水产品的起源与食用历史、生物学特征、养殖或捕捞模式、加工工艺、营养与功效、产品与质量、常见的食用方法等方面，介绍了海洋水产品的神奇之处。

该丛书以问答的形式解答了消费者关心的问题，图文并茂、通俗易懂，还嵌套了多个二维码视频，生动又富有趣味。该丛书对普及海洋水产品科学知识、提高消费者对海洋水产品生产全过程及营养功效的认识、引导消费者树立科学的海洋水产品饮食消费观念、做好海洋水产品消费促进工作具有重要意义。另外，该丛书对从事渔业资源开发与利用的科技工作者也具有一定的参考价值。

中国工程院院士　唐启升

2022 年 1 月

▶ 前　言

　　神秘的南极，一直吸引着众多探险者和科学家。历经几十年的探索和研究，南极的神秘面纱正被慢慢地揭开。众所周知，南极的生存条件极端恶劣，却也生存着众多的南极生物。例如，可爱的企鹅，它靠什么维持生命？通过科学家们的探索得知，有一种生活在南极海域的神奇生物——南极磷虾，具有庞大的生物储量，现存量预估为 6.5 亿～ 10 亿 t，为南极众多生物的主要食物。神奇的南极磷虾生活在南极食物链的底端，能在如此恶劣的生存环境中繁衍生息，这小小的生物体内一定蕴藏着巨大的生命力量。

　　在南极生物资源开发和保护过程中，各国科学家发现神奇的南极磷虾不仅具有巨大的资源量，而且富含优质蛋白质、不饱和脂肪酸、氨基酸、虾青素、磷脂等多种功效成分，营养价值高，可开发利用潜力巨大。世界各国掀起了对南极磷虾资源开发利用的热潮，20 世纪 70 年代起，全球有 20 多个国家陆续开始了对南极磷虾的探捕和商业开发。为了确保南极海洋生物资源不被过度开发，由南极海洋生物资源养护委员会（CCMALR）负责监督和管理世界各国每年捕捞南极磷虾的总量。2010 年，中国开始进行南极磷虾的探捕研究，自此开启了我国对南极磷虾资源的开发。在借鉴世界各国先进经验的基础上，经过十几年的发展，我国南极磷虾资源开发产业链已基本形成。

2016 年，依托中国水产科学研究院黄海水产研究所成立了农业农村部极地渔业开发重点实验室。研究团队在南极磷虾探捕、资源开发、产品研发与加工技术、营养功效成分评价与质量标准等方面开展了大量科学研究。编写本书的初衷是向广大读者普及南极磷虾及其产品的有关知识，希望本书的出版可以对消费者科学认识南极磷虾起到一定的引导作用。

本书共分为五章，分别介绍了丰富的南极磷虾资源及其独特的生物学特性和生活习性、南极磷虾的营养与产品开发、南极磷虾油的功效与人体健康、南极磷虾粉的价值与应用、南极磷虾的质量安全与标准等。考虑到全书的科普性、实用性和系统性，本书引用了国内外诸多同行的研究成果。本书在编写过程中，还得到众多专家的无私支持，在此一并致以最诚挚的感谢！

由于时间有限，本书难免存有纰漏，敬请广大读者批评指正。

编　者

2021 年 12 月于青岛

目 录 CONTENTS

第一章

丰富的南极磷虾资源

第一节　南极磷虾知多少

南极为何如此神秘？

南极大陆位于地球的最南端，是世界上发现最晚的大陆。南极是一片"洁白无瑕"的世界，95%以上的面积被厚度惊人的冰雪覆盖，被誉为地球上的最后一块"净土"（图1-1）。由于南极大陆是地球上平均海拔最高的地区，高达2 350m，终年被冰雪覆盖，平均冰层厚度为1 800m，如果把覆盖在南极大陆上的冰层剥离，南极大陆平均高度仅有410m，比整个地球上陆地的平均高度低得多。

图1-1　被冰雪覆盖的南极

由于海拔高，空气稀薄，再加上冰雪表面对太阳能量的反射，使得南极大陆成为世界上最为寒冷的地区。南极大陆的年平均气温为 −25℃，比北极要低 20℃。南极大陆沿海地区的年平均温度为 −20 ～ −17℃，最为寒冷的东南极是高原地区，年平均气温低至 −56℃。

尽管南极气候如此恶劣，但是还是有一些顽强的生物，如企鹅、海鸟、海豹等极地生物世代生长于此，这些生物与南极海域的海藻、南极磷虾等共同维系着南极的生态平衡。南极磷虾是南极众多的鱼类、企鹅、海鸟、海豹以及鲸类等赖以生存的食物，是南极海洋生物食物链中连接低等植物和高等动物的关键环节，其种群变动将直接影响整个南极生态系统的变化。

在 18 世纪之前，南极一直无人居住，随着人类对未知领域的不断探索，这片"净土"才逐渐有了人类的踪迹。从 19 世纪初期至 20 世纪 40 年代，各国探险家相继发现了南极大陆的不同区域，也为自己国家政府对南极提出主权要求。1961 年 6 月 23 日通过的《南极条约》中规定，南极只用于和平目的，冻结南极领土主权要求，在南极洲的任何活动，不得对其环境和生态系统构成破坏。

南极地区常年冰雪覆盖，人类活动相对稀少。除了进行科学考察的科学家们，仅有少量游客的踪迹。而且为了保护南极的生态环境，各缔约方联合签署了《关于环境保护的南极条约议定书》，明确规定在《南极条约》地区的一切活动均须事先通知，而且不允许人类将在南极地区活动产生的垃圾随意丢弃，必须将其全部带回。此外，南极海域外围的绕极环流可以阻隔来自低纬暖流的影响，在加剧南极寒冷程度的同时也可避免海洋中有害物质流入，从而使南极在一定程度上免受外界环境的污染。因此，南极海域拥有地球上最为纯净的海洋环境。

南极磷虾是一种什么类型的生物？

磷虾是一种小型甲壳纲动物，分布和生活在世界各地的海洋中，目前已知有 80 多种，其中有 30 个种隶属于磷虾科。生长在南极海域的磷虾主要有南极大磷虾、晶磷虾、冷磷虾、长臂樱磷虾等。其中，南极大磷虾的数量最多，占据绝对优势。

我们这里所说的南极磷虾，学名南极大磷虾（*Euphausia superba* Dana），是一种小型海洋浮游甲壳类动物，主要以硅藻和极小的浮游生物为食，并为企鹅、海豹和须鲸等上层生物链提供丰富的食物来源。南极磷虾以群集方式生活在广袤的南极海域，能够形成延绵近百公里群聚分布，聚集密度最高达到每立方米 1 万～ 3 万只，可使大片水域呈浅褐色（图 1-2）。

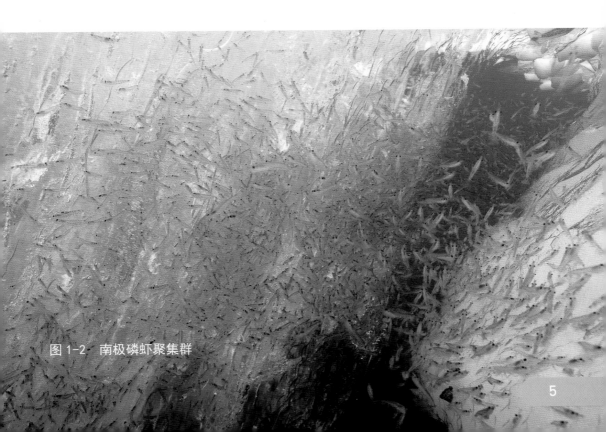

图 1-2　南极磷虾聚集群

南极磷虾属于哪一类物种?

在分类学上，南极磷虾隶属节肢动物门（Arthropoda）甲壳纲（Malacostraca）软甲亚纲（Eumalacostraca）磷虾目（Euphausiacea）磷虾科（Euphausiidae）磷虾属（*Euphausia*）。经常在餐桌上见到的中国对虾、日本对虾，隶属节肢动物门（Arthropoda）甲壳纲（Malacostraca）软甲亚纲（Eumalacostraca）十足目（Decapoda）对虾科（Penaeidae）对虾属（*Penaesia*）。南极磷虾与常见虾类的分类学对比如表 1-1 所示。

表 1-1　南极磷虾和常见虾类的分类学对比

分类	南极大磷虾	中国对虾、日本对虾	凡纳滨对虾（南美白对虾）	澳洲龙虾	克氏原螯虾（小龙虾）
门	节肢动物门　Arthropoda				
纲	甲壳纲　Malacostraca				
亚纲	软甲亚纲　Eumalacostraca				
目	磷虾目 Euphausiacea	十足目　Decapoda			
科	磷虾科 Euphausiidae	对虾科 Penaeidae		龙虾科 Palinuridae	螯虾科 Astacidae
属	磷虾属 *Euphausia*	对虾属 *Penaesia*	滨对虾属 *Litopenaeus*	岩龙虾属 *Jasus*	原螯虾属 *Procambarus*

4 南极磷虾长什么样子？

南极磷虾外形上与对虾等甲壳动物相似，但是个体较小，成虾一般体长40～60mm，个体重量只有1g左右。身体可分为头部、胸部和腹部，其中头部与胸部愈合在一起，称为头胸部，腹部肌肉发达，且有分节，其中头胸部占体长的44%～46%，腹部占体长的54%～56%。南极磷虾的形态示意图见图1-3。

南极磷虾的壳体在水中呈半透明状，壳上点缀着许多红褐色斑点，头部有两根触须和黑色复眼，复眼由数千只感光体构成；甲壳两侧的胸甲短小，具有肉眼可见的指状足鳃；因摄食含有叶绿素的浮游藻类，南极磷虾的消化系统清晰可见，一般呈鲜艳的草绿色或红褐色。

南极磷虾的眼柄基部、头部和胸部的两侧及腹足的基部有球形的发光器，能像萤火虫一样发出磷光，在黑暗的海洋中，人们可以看到许多发光的"小灯泡"，那就是磷虾群，这也就是"磷虾"名字的由来。

图1-3 南极磷虾

科普小知识

南极磷虾的球形发光器包含了多种荧光物质，其最大荧光激发光和发射光的波长分别为 355nm 和 510nm。关于发光器的主要功能有 2 种推论。一种是发出的光可以遮掩南极磷虾的影子，使其在捕猎者面前"隐形"；另一种说法为发光器发出的荧光对雌雄交配和磷虾群体的夜间聚集有重要作用。

南极磷虾的球形发光器

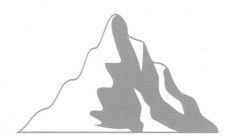

5 南极磷虾与普通的虾类有何不同？

准确地说，南极磷虾并不是真正的虾，而是介于浮游动物和游泳动物之间的一种甲壳类生物，外观与虾类似，但也有不同。如虽然两者都具有保护性的外壳，但是也存在显著差异（表1-2，图1-4和图1-5）。

表1-2　南极磷虾与普通虾类的主要区别

项目	南极磷虾	普通虾类
同纲不同目	属于节肢动物门甲壳纲软甲亚纲磷虾目	属于节肢动物门甲壳纲软甲亚纲十足目
形态结构	南极磷虾胸甲部分与甲壳相连	分为头胸部和腹部两部分
鳃	甲壳两侧的胸甲短小，指状足鳃肉眼可见	位于头胸部两侧，被甲壳包裹覆盖
头胸部	有11对附肢	有8对胸肢
	前6对胸肢用来捕食浮游藻类	3对颚足位于口旁，可以帮助把持食物
	后5对腹肢用来游泳，胸肢和腹肢上面长有羽状细刚毛，游泳能力较强	5对步足（即10只脚），主要负责捕食及爬行，这是十足目的主要特征
腹部	附肢没有分化为颚足和步足，这点与十足目有所不同	腹部有5对腹足及1对粗短的尾肢，尾肢向后延伸与腹部最后一节合为尾扇，负责控制游泳的方向和弹跳功能
发光器	具有发光器	无发光器

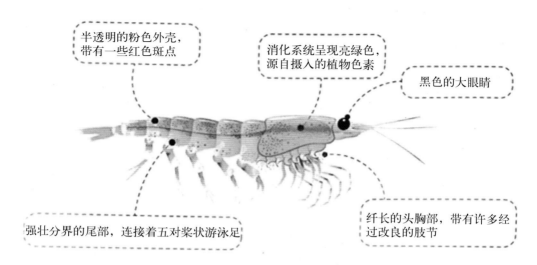

半透明的粉色外壳，带有一些红色斑点

消化系统呈现亮绿色，源自摄入的植物色素

黑色的大眼睛

强壮分界的尾部，连接着五对桨状游泳足

纤长的头胸部，带有许多经过改良的肢节

图 1-4　南极磷虾结构模式图

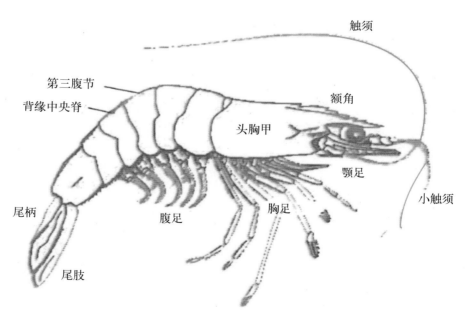

触须

第三腹节

背缘中央脊

头胸甲

额角

颚足

小触须

尾柄

腹足

胸足

尾肢

图 1-5　对虾结构模式图

第二节　南极磷虾的生活习性

南极磷虾生活在什么样的环境中?

　　南极磷虾之所以具有庞大的种群数量与南大洋独特的水文条件分不开。南大洋的寒流与来自太平洋、大西洋和印度洋的暖流相遇时会形成上升流,这股上升流中含有丰富的营养物质,使得浮游植物大量繁殖,成为南极磷虾生息繁衍的重要保障(图1-6)。南极磷虾对环境的适应能力较弱,生活区域限定在南极大陆周围比较寒冷的海域,适宜生存的温度范围仅在 $0.64 \sim 1.32\,^{\circ}\mathrm{C}$,如果温度高于 $1.8\,^{\circ}\mathrm{C}$ 就可能死亡。

图 1-6　南极冰山

南极磷虾是如何摄食的？

南极磷虾生活在环绕南极大陆的南大洋表层水中，常常密集出现于陆架边缘、海冰边缘及岛屿周围。南极磷虾主要以细小的硅藻、冰藻等浮游植物为食，在浮游植物较少的季节，也可以捕食桡足亚纲、端足目等浮游动物。南极磷虾属于滤食动物，即让海水通过特殊的过滤结构来摄食。南极磷虾的三对前足和内侧的硬毛负责从海水中收集这些微藻，并将它们送入口中。

每年的 11 月至次年的 4 月是南极最温暖的春夏季节，这一时期也是南极磷虾的活跃期，此时藻类密度较高的海水对南极磷虾来说是豪华的"饕餮盛宴"。在冬季食物匮乏的情况下，南极磷虾靠摄食浮冰底部生长的藻类维持生存，还可以通过不断蜕壳、缩小体型、减缓新陈代谢生存下来。通常南极磷虾可在不进食的情况下生存约 200d，这也是南极磷虾的独特之处。

南极磷虾是如何繁殖的？

南极磷虾的产卵季节一般是每年的 1—3 月，在大陆棚之上及深海海洋的表层区域产卵。雄磷虾的第一腹肢为主要的交配工具，雄磷虾通过第一腹肢将精子包附在雌磷虾的生殖孔。每只雌磷虾每次可产卵 6 000～10 000 个，卵经生殖孔排出时，会与精囊排出的精子相遇而受精，形成受精卵，受精卵排到水里后，在接近 0℃的条件下开始孵化。在其孵化前，不断下沉。一边下沉，一边孵化，一直下沉到数百米，甚至数千米，才孵化出幼体。幼体在发育过程中不断上浮，一边上浮，一边发育，当幼体发育到小虾阶段时，它也几乎到达海水表层，并在此区域觅食、生长、集群。

南极磷虾的成熟期一般为两年，通过蜕壳生长成熟的雄磷虾个体比雌磷虾略大一些。生长一年的南极磷虾，可以长到 30mm 左右，到成熟以后，可长至 60mm，当其发育成熟后，便开始繁殖下一代（图 1-7）。

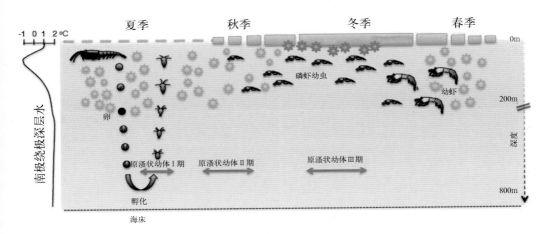

图 1-7　南极磷虾的生活史

 为什么南极磷虾会变色?

不同季节的南极磷虾体色不同。南极磷虾体色变化主要是为了适应季节光线的变化（图 1-8）。夏季时南极磷虾腹部的虾青素含量是冬季的 4.5 倍，而红色细胞数量则是冬季的 2.5 ～ 4.8 倍，也就是说夏季的时候磷虾的体色更红。每年的 1—3 月是南极磷虾的产卵季节，南极磷虾呈红色；在 5—6 月，南极磷虾呈粉红色；7—10 月南极磷虾呈白色。

图 1-8　红色的南极磷虾集群

 南极磷虾是如何成群结队游泳的?

　　南极磷虾是海洋中上层的集群生物,集群行为伴随其生活史的大部分时间。集群行为有助于南极磷虾个体获取食物,增大繁殖概率,减少游泳的能量消耗及躲避捕食者。白天,密集的南极磷虾群使海面呈现出铁锈的颜色;夜晚,南极磷虾群又常常会使海面呈现出强烈的磷光。每个南极磷虾群都由同一个年龄段的南极磷虾组成,幼虾和成虾一般不会混杂在一起,这给人类捕捞成虾和保护幼虾资源创造了便利条件。有趣的是,在南极磷虾群中,每只南极磷虾的头部都朝着同一个方向排列着,聚集不散。如果有船只从南极磷虾群中航行,被冲散的南极磷虾很快又会重新聚集在一起,仍然按照原来的方向游动。

第三节 南极磷虾的生物资源量及分布区域

 南极磷虾资源主要分布在哪些区域？

南极磷虾广泛分布于南极辐合带之南水域，南极辐合带是一条环绕南极大陆的海流、水温、盐度及物种的跃变带。来自南极大陆的几乎不含盐的冷水在来自温暖地区含盐较高的温水之下流动。南极辐合带不仅是一条海洋地理界线，同时也是一条海洋生物学界线。南极磷虾主要分布于南极绕极流南侧，尤以西南大西洋的南极磷虾资源量最高，据统计，70% 左右的南极磷虾分布在这个区域（图 1-9）。

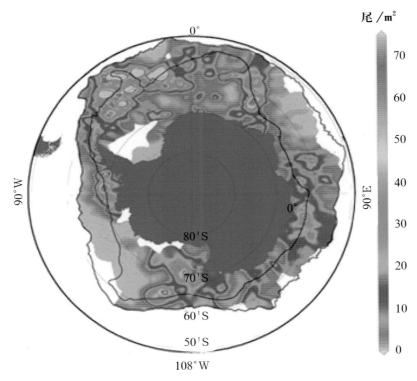

图 1-9 南极磷虾资源分布

（不同颜色代表不同分布密度）

南极磷虾的生物量有多大？

南极磷虾是地球上数量较多且繁衍较为成功的单种生物资源之一，南极磷虾资源就如同一座储存量相当可观的蛋白储库，但是其具体的储存量很难有准确的数据。1977—1986 年，南极研究科学委员会（SCAR）和海洋研究科学委员会（SCOR）等国际组织开展的海上联合调查表明，整个南极海域中磷虾的生物总量在 6.5 亿～ 10 亿 t，年可捕捞量据估计近 1 亿 t，超过现有海洋中鱼虾贝类的捕捞量之和（约 9 900 万 t），是全球海洋生物中尚未被大规模捕捞的物种。

南极海洋生物资源养护委员会（CCAMLR）认为，在不影响南极生态系统稳定的条件下，南极磷虾的最大年捕捞量应为 4 000 万～ 5 000 万 t（图 1-10）。

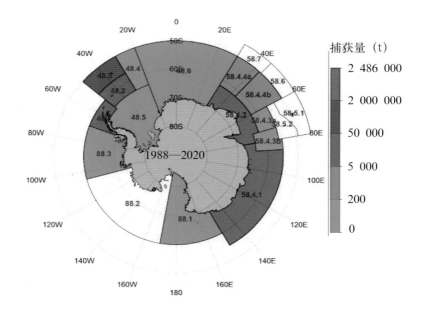

图 1-10 南极海域的磷虾捕获量

（资料来源：南极海洋生物资源养护委员会）

南极海洋生物资源养护委员会

南极海洋生物资源养护委员会（Commission for the Conservation of Antarctic Marine Living Resources，简称 CCAMLR），是 1982 年 4 月 7 日根据《南极海洋生物资源养护公约》设立的政府间国际组织，主要职责是制定南极海洋生物资源养护管理措施，推进对南极海洋生物资源的养护与可持续利用。该委员会是《南极条约》框架下管理南极海洋生物资源的唯一多边机构，现有 26 个成员，中国于 2007 年 10 月 2 日正式成为委员会成员。

3 在南极生态系统中南极磷虾扮演着什么角色？

在南极海域，生活着人们熟知的企鹅、海豹和鲸类，它们是南极星光熠熠的动物"明星"。而同时，这里还生活着一大群不容忽视的浮游动物——南极磷虾。南极磷虾的生物量惊人，是整个南极生态系统的"顶梁柱"，不仅是南极生物赖以生存的食物，还因为能够"固碳"而影响着全球气候，从而间接地影响着人类生活。

南极磷虾是南大洋高级生物的重要饵料，维持着企鹅、海豹、鱿鱼、鱼类、鲸类、海鸟等南极海洋动物的生命。南极海域拥有全世界最大的浮游植物生物量，南极磷虾以硅藻等浮游植物为食，从而构成了浮游植物→南极磷虾→鱼类、海鸟、海豹、企鹅、鲸类等其他肉食性动物的南大洋海洋食物链。

南极磷虾是南极海洋动物赖以生存的主要食物。据统计，南极海洋动物对南极磷虾资源的消耗量非常大，每年吃掉的南极磷虾总量为 1.5 亿～ 3.1 亿 t。其中，海豹每年能吃掉 0.63 亿～ 1.3 亿 t 磷虾；鱿鱼每年摄入的南极磷虾为 0.3

亿~1亿 t；大型须鲸（比如蓝鲸）虽然一天就能吞下 2 ~ 4t 南极磷虾，但是由于大型须鲸数量较少，因此每年消耗的南极磷虾没有海豹多，为 0.34 亿~ 0.43 亿 t；海鸟每年食用南极磷虾 0.15 亿~ 0.2 亿 t；其他鱼类食用南极磷虾量为 0.1 亿~ 0.2 亿 t。由此可见，南极磷虾是整个南大洋生态系统中能量和物质流动的关键环节，并在南大洋海洋食物链中处于极其重要的地位。科学家们曾把南极海洋中各类生物的依赖关系绘成一幅金字塔图形，鲸类等哺乳动物位于金字塔顶端，南极磷虾则是支撑塔顶的中间塔层，数量庞大的海洋浮游植物就是金字塔巨大的塔基。

挪威、澳大利亚等国家的学者认为南极磷虾在固定二氧化碳方面也有着重要作用。浮游藻类可以固定溶解在海水中的二氧化碳，而南极磷虾摄食大量富含碳的浮游藻类，它们在躲避捕食者时向深层海水垂直迁移，排出的碳物质及营养颗粒沉入海底，从而将二氧化碳以有机碳的形式向海底输送。如果不是被南极磷虾摄取，这些二氧化碳会在海洋表层循环，将加剧全球温室效应的发生。

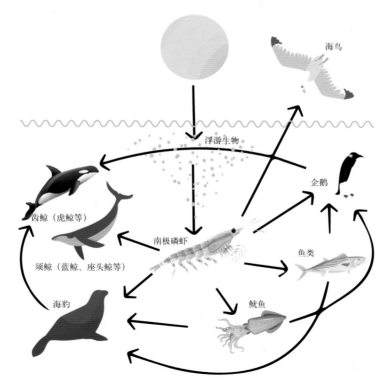

4 南极磷虾的捕捞会破坏海洋生态平衡吗?

在世界海洋渔业资源普遍衰退的背景下,南极磷虾资源作为富有开发潜力的海洋生物资源之一,其资源的养护和持续利用受到国际社会日益关注。南极海洋生物资源养护委员会(CCAMLR)专门负责南极磷虾的商业开发与资源保护,同时只有加入了这一国际组织并遵从捕捞限额等一系列管理规定,才能在南极海域捕捞南极磷虾。

据统计,在大西洋的南极海域(FAO 划定的第 48 渔区)的南极磷虾生物总量 6 260 万 t,目前每年可持续的捕捞限额为 561 万 t,约占第 48 渔区估计生物总量的 9%。但是,出于对资源可持续发展的保护,CCAMLR 还设定了更低的临时性预警捕捞限额 62 万 t,仅占 48 渔区估计生物总量的 1% 左右。近十年来,南大洋目前的实际平均捕获量仅为 20 万 t 左右,不足捕捞限额的 1/3,仅占第 48 渔区南极磷虾生物总量的 0.32%(图 1—11)。

科普小知识

预警捕捞限额

对南极磷虾资源的捕捞实施总可捕捞量制度(Total Allowable Catch,简称 TAC)。总可捕捞量的确定原则为捕捞量应低于南极磷虾资源增长量,并对总可捕捞量进行分配,实施配额管理。

目前,在 FAO 划定的第 48 渔区,每年南极磷虾的总可捕捞量为 560 万 t 左右,而 CCAMLR 还设定了预警捕捞限额,即实际允许捕捞量的上限为 62 万 t(即一旦捕捞量达到 62 万 t 的"触发水平",就立即停止捕捞活动,直至生物量通过再次评估判定为健康可持续,才允许重新开始捕捞)。

此外，南极磷虾具有非常强大的繁殖能力，这有助于维持南极磷虾种群的数量稳定。基于这些数据，世界自然基金会认为，南极磷虾渔业是全世界开发规模最低的渔业，即便南极磷虾每年被各种南极生物吃掉 3 亿 t，也不会因此陷入绝境，很快就通过新生群体得到补充壮大。

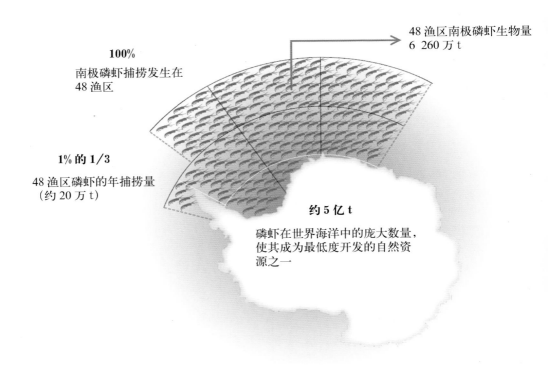

48 渔区南极磷虾生物量 6 260 万 t

100%
南极磷虾捕捞发生在 48 渔区

1% 的 1/3
48 渔区磷虾的年捕捞量（约 20 万 t）

约 5 亿 t
磷虾在世界海洋中的庞大数量，使其成为最低度开发的自然资源之一

图 1-11　FAO48 渔区南极磷虾的实际捕捞量与生物资源量的对比

科普
小知识

FAO 世界渔区划分方法

联合国粮食及农业组织（FAO）将世界海域划分为：内陆水域、大西洋海域、太平洋海域、印度洋海域、北冰洋海域及其他海域，并对每个海域细分成不同渔区，以数字冠名。

内陆水域包括以下渔区：01 渔区为非洲内陆水域；02 渔区为北美洲内陆水域；03 渔区为南美洲内陆水域；04 渔区为亚洲内陆水域；05 渔区为欧洲内陆水域；06 渔区为大洋洲内陆水域。

大西洋海域包括以下渔区：21 渔区为西北大西洋海域；27 渔区为东北大西洋海域；31 渔区为中西大西洋海域；34 渔区为中东大西洋海域；41 渔区为西南大西洋海域；47 渔区为东南大西洋海域；48 渔区为大西洋的南极海域。

印度洋海域包括以下渔区：51 渔区为印度洋西部海域；57 渔区为印度洋东部海域；58 渔区为印度洋的南极海域；

太平洋海域包括以下渔区：61 渔区为西北太平洋海域；67 渔区为东北太平洋海域；71 渔区为中西太平洋海域；77 渔区为中东太平洋海域；81 渔区为西南太平洋海域；87 渔区为东南太平洋海域；88 渔区为太平洋的南极海域。

北冰洋海域为 18 渔区，地中海和黑海海域为 37 渔区。

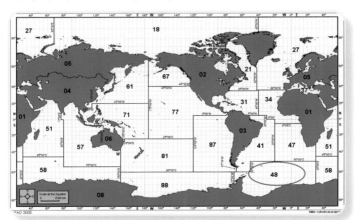

FAO 世界渔区分布图

南极磷虾资源面临的真正挑战是什么？

　　南极磷虾具有非常强大的繁殖能力，即使南极磷虾每年被吃掉3亿t，也丝毫不影响其稳定的生物储量。难道南极磷虾资源真的多得捕不完吗？事实上目前南极磷虾的生存现状并不理想，庞大的生物储量并不是这一物种的"免死金牌"。

　　近年来，全球气候变暖正在给南极磷虾的新生群体带来致命的打击。在南极磷虾繁殖阶段，南极磷虾幼体需要海面的浮冰提供天然的洞穴，这些洞穴为幼虾提供了最有效的"庇护所"，可以帮助幼虾躲避捕食者的追击，进而大大提高生存率（图1-12）。但随着全球气温升高，南极洲边缘地带的浮冰面积正

在逐渐减少，适合幼虾栖息的冰穴也越来越少。越来越多的证据表明，南极磷虾的生存空间正在不断向高纬度地区压缩。像南极磷虾这样相对低等的物种，生态环境始终是影响种群规模发展的最大限制因素。只要饵料充足、环境适宜，即便每年被各种野生动物消耗掉总储量的 30% ～ 50%，南极磷虾也依然可以在第二年"重现雄风"。相比之下，更值得警惕的是环境因素对南极磷虾造成的影响，这种因素最容易被人忽视，但也最为致命的。因此基于对南极磷虾渔业快速发展的预期以及对南极变暖的担心，近年来，南极海洋生物资源养护委员会大力加强对南极磷虾资源的保护，针对南极磷虾渔业的管理越来越严格，同时鼓励更多的科学家来研究气候变化对南极磷虾及其所在海洋生态系统的影响。

图 1-12 南极冰山

第四节　南极磷虾渔业的发展

 人类从什么时候开始捕捞南极磷虾？

　　由于受海冰的季节性分布变化影响，且冬季时南极磷虾可能分布在声学系统无法探测到的深水区域，南极磷虾种群数量密度呈现南半球夏季（12月至次年4月）高、冬季（5—11月）低的季节模式，因此南极磷虾的捕捞作业一般在12月至次年7月开展，此时既是南极磷虾种群最活跃的季节，也是人类在南极活动较为舒适的时候。

人类从事南极磷虾的试捕勘察始于 20 世纪 60 年代初期，由苏联率先赴南极试捕南极磷虾，从 20 世纪 70 年代中期开始，苏联、日本、智利、波兰、韩国、德国、乌克兰、挪威等 22 个国家和地区相继开始大规模商业开发，其南极磷虾捕获量逐年上升，1981—1982 年达到历史最高，年捕获南极磷虾 52.8 万 t。起初作业国主要为日本和苏联，其中苏联南极磷虾捕获量占世界总产量的 80%。苏联解体后，俄罗斯中止了对南极磷虾的捕捞，南极磷虾总捕获量从 1990—1991 年的 30 万 t 急剧下降到 1992—1993 年的 8 万 t，其后基本维持在每年 10 万 t 左右。在 2005—2009 年这 5 个捕捞渔季期间，南极磷虾年均捕获量为 12.5 万 t，主要捕捞国家是挪威、韩国、日本，以及乌克兰、波兰和英国等。直到 2010 年中国才加入南极磷虾的捕捞行列，2010—2017 年这 8 个捕捞渔季期间，南极磷虾的年均捕获量维持在 22 万 t 以上，其中挪威的年均捕获量为 14 万 t，占全球总捕获量的 60% 以上，中国的年均捕获量维持在 3 万 t 左右，而日本和波兰则相继退出捕捞行列。近年来，各国加强对磷虾捕捞船的改造升级，采用连续泵捕捞系统，磷虾捕捞产量再创新高，在 2018—2020 年这 3 个捕捞渔季，南极磷虾的年均捕获量达到 38 万 t（图 1-13，表 1-3）。

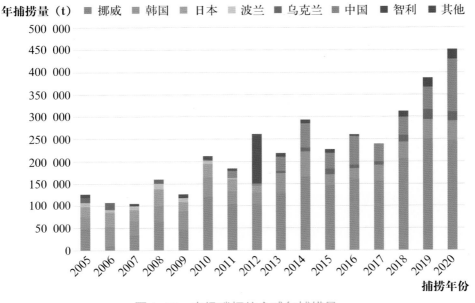

图 1-13　南极磷虾的全球年捕捞量

表1-3 2005—2020年南极磷虾捕捞产量统计（t）

年份	挪威	韩国	日本	波兰	乌克兰	中国	智利	其他	合计
2004/2005 渔季	48 000	27 000	23 000	9 000	12 000	0	8 000	0	127 000
2005/2006 渔季	9 228	43 031	32 711	6 413	15 206	0	0	0	106 591
2006/2007 渔季	35 000	32 000	23 000	10 000	0	0	0	5 000	105 000
2007/2008 渔季	65 000	35 000	37 000	13 000	10 000	0	0	0	160 000
2008/2009 渔季	45 000	43 000	20 000	10 000	0	0	0	8 000	126 000
2009/2010 渔季	120 429	43 805	29 919	7 007	0	1 956	0	8 857	211 973
2010/2011 渔季	102 460	30 642	26 390	3 044	0	16 020	2 454	2 879	181 011
2011/2012 渔季	102 800	27 100	16 258	0	0	4 265	106 627	4 795	161 085
2012/2013 渔季	129 647	43 861	0	0	4 646	31 944	7 259	0	217 357
2013/2014 渔季	165 899	55 406	0	0	8 929	54 303	9 278	0	293 817
2014/2015 渔季	147 075	23 342	0	0	12 523	35 427	7 279	0	225 646
2015/2016 渔季	160 941	23 071	0	0	7 412	65 018	3 708	0	260 150
2016/2017 渔季	156 884	34 506	0	0	7 949	38 113	0	0	237 452
2017/2018 渔季	207 103	36 005	0	0	15 080	40 742	14 060	0	312 991
2018/2019 渔季	250 814	42 939	0	0	22 427	50 392	21 131	0	387 703
2019/2020 渔季	245 421	44 567	0	0	20 770	118 353	21 670	0	450 782

（资料来源：南极海洋生物资源养护委员会 CCAMLR 官网）

中国从什么时候开始捕捞南极磷虾?

中国对于南极科学考察的起步较晚。1984 年 11 月 19 日，中国派出了第一支南极考察队赴南极洲和南太平洋进行综合性科学考察。12 月 27 日中国南极考察队第一次踏上南极，并于 1985 年 2 月 25 日建成南极长城站，中国成为第十八个在南极洲建立科学考察站的国家。2010 年 1 月 23 日，中国两艘远洋渔船第一次驶入南极海域。在这 26 年间中国先后开展了 24 次南极科学考察，对南极海域自然环境和生物资源的认知已有一定积累和掌握，从逐渐了解这片神秘的大陆到开始尝试着开发利用丰富的南极渔业资源。

2006 年 9 月 19 日，中国加入《南极海洋生物资源养护公约》，该公约自 2006 年 10 月 19 日对中国生效。2007 年 10 月 2 日，中国成为南极海洋生物资源养护和管理委员会（CCMALR）成员国，至此我国开始全面参与公约事务以及开发利用南极海洋生物资源。2009 年 11 月，在澳大利亚召开的 CCAMLR 第 28 届年会上，委员会通过了中国赴南极海域开展磷虾捕捞的申请，标志着我国南极海洋生物资源开发利用项目进入实施阶段。

2009—2010 渔季，中国由 2 艘渔船组成的船队第一次对南极磷虾资源进行了探捕性开发，虽然捕获磷虾仅有 1 946t，但是此行的目的主要是考察和探测南极磷虾资源的分布及储量；2010—2011 渔季先后派出 5 艘渔船，捕获南极磷虾 1.6 万 t；2012—2013 渔季中国派出 3 艘渔船，捕捞产量为 3.4 万 t；2013—2014 渔季有 6 艘渔船通报入渔，捕捞产量为 5.4 万 t。之后多年中国的南极磷虾年捕捞产量维持在 5 万 t 左右，其中 2020 年产量最高，达到 11.8 万 t。

中国最早从事南极磷虾捕捞的渔船均为经简单适航改造后的南太渔场竹筴鱼拖网加工船，捕捞与加工技术与挪威、韩国等国家有相当大的差距。随后，中国继续推进南极磷虾捕捞和加工技术的规模化发展，注重捕虾造船技术的自主研发。2019年中国自主设计的"深蓝"号专业捕虾船顺利下水交付，"深蓝"号采用了连续泵捕捞系统，同时配备了全自动磷虾加工生产线，意味着刚捕捞上的南极磷虾，可立即被加工成冻南极磷虾、冻南极磷虾肉、南极磷虾粉等产品，进一步提高了南极磷虾系列产品的品质（图1-14和图1-15）。

图1-14　中国首艘专业南极磷虾捕捞加工船"深蓝"号

图1-15　南极磷虾捕捞作业

　　南极磷虾捕捞船上一般配备先进的声呐传感装置,根据声呐传感系统定位南极磷虾群体,并精确掌握南极磷虾群的大小和型号,并以此确定撒网的地点和深度。根据南极磷虾栖息水层及作业原理,国际上普遍采用中层拖网进行瞄准捕捞,南极磷虾中层拖网网具与其他网具最大的区别在于网囊及囊头部分需要使用较小尺寸的网目,以防止南极磷虾从网目中逃逸。目前,南极磷虾的捕捞方式主要有两种:大型艉滑道加工拖网船和泵吸式作业。中国、韩国主要采用拖网式作业方式,挪威主要采用泵吸式作业方式。

　　为了提高捕捞效率,需要提前对海洋中的南极磷虾资源进行探测。探测技术包括直接探测和间接探测两种,直接探测又分为鱼探仪探测和目视探测。南极磷虾栖息水层主要在 0 ~ 100m,鱼探仪探测只能观测到活动水层较深的南极磷虾群。在 0 ~ 10m 的表层南极磷虾群可以直接目测观察。在生产中根据海面上的水色变化来确定表层的南极磷虾群。当南极磷虾群起浮在表层时,海水呈粉红色或赤褐色,根据其分布范围和颜色的深浅,可以判断南极磷虾群的大小和密度。间接探测是利用冰山、海鸟、鲸及水温等来判断渔场。在大型冰山附近常有南极磷虾分布,海鸟在海面上下盘旋,并俯冲啄水,海鸟高飞时,说明南极磷虾群所栖息的水层较深。另外,有时在白天看到有许多海鸟在冰山上休息,说明其附近可能有南极磷虾群。由于鲸有追逐南极磷虾群的行为,因此,有鲸索饵行为的海域就成为捕捞南极磷虾的渔场。

　　捕捞南极磷虾的渔具是商业性开发利用磷虾必不可少的工具,其性能的优劣直接关系到渔获量和捕捞的经济效益。目前单船中层拖网是捕捞南极磷虾最有效的工具,为防止南极磷虾拖网作业过程中误捕到海狮、海豹、海象等海洋动物,南极磷虾拖网时主要通过分隔网片和分隔栅两种形式释放这些海洋动物。

南极磷虾具有很强的群聚性，在中心渔场往往聚成单一年龄的群体。南极磷虾群的运动虽然有集合力及垂直方向的移动力，但是南极磷虾群水平运动的速度并不大，而且长期朝一个方向游动。采用中层拖网对南极磷虾群进行瞄准时，要保持拖网网口位置处在南极磷虾群所在的水层。当发现南极磷虾群后，对探鱼仪所测到的映像进行分析判断，来决定是否放网进行作业。在放网过程中，根据探鱼仪测出南极磷虾群的水层位置和网位仪探测的网口水层，边探测边调整曳网长度和拖速，以使网口对准磷虾群的水层拖曳。在拖网过程中，由于南极磷虾群栖息水层不是固定的，因此应根据探鱼仪测出的南极磷虾群的水层变动，及时调整网位，使网口始终在南极磷虾群的中心拖曳。

由于南极磷虾具有在水层昼夜垂直移动的习性，一般在天黑以后往往相对集中于表层，黎明前夕开始分散下沉，因此采用船体穿过南极磷虾群的拖网作业方法可获得理想的捕鱼效果。在捕捞表层南极磷虾时，拖网的水深最好保持在 5 ～ 15m 之间，拖速保持在 1.8 ～ 2.5kn。

如何捕捞南极磷虾？

南极磷虾能人工养殖吗?

南大洋的水温终年是低温 −1.43 ~ 2.7℃,盐度也无大变化,且没有江河流入等其他因素干扰,这样稳定的环境使南极磷虾变得"娇嫩"起来,应变能力差,环境略有变动就不能适应。南极磷虾的成体适宜在较高温和低盐的水域中生活,它的适温范围仅 0.64 ~ 1.32℃,如果温度大于 1.8℃就可能有致命的危险,所以,南极磷虾只适宜生活在南极周围比较寒冷的海域,远离南极的海中找不到南极磷虾的踪迹,因此,以目前的条件无法进行南极磷虾的人工养殖,即使具备人工养殖的条件,也不能进行大规模养殖。

 世界上先进的南极磷虾捕捞技术有哪些?

目前挪威的南极磷虾捕捞技术居世界领先的地位,挪威研发了一种"水下连续泵吸捕捞"专利技术,即拖网一直处于水下捕捞状态,捕获的南极磷虾由吸泵经传输管道送至船上(图1-16)。这些技术使得捕捞南极磷虾时省去了传统的起放网生产作业程序,同时大大提高了南极磷虾渔获物的产量和质量。

为了避免在捕虾过程中误捕入海鸟、海豹等其他物种,挪威阿克海洋生物公司还创新发明了一种新型捕虾技术 Eco-Harvesting™(图1-17),这项技术主要有两个优点:一个是渔船可在整个南极磷虾捕获季节都停留在南极洲,拖网渔船则需要每三个月往返一次,为渔船添加燃油,卸载所捕获的南极磷虾;另一个优点则是其捕虾技术,使用特别设计的拖网系统,拖网和船只之间由软管连接,渔网在水中的正面由另一张渔网进行封闭,只有南极磷虾可通过这道屏障进入捕虾软管,因此不会捕获到鱼类,在软管的末端,活南极磷虾随着新鲜海水被立即抽上渔船并进行后续加工。这项技术保证了南极磷虾原材料的新鲜程度，即时加工处理也可避免因活性酶降解而影响品质，从而在终产品中保留所有关键营养成分，实现其卓越的产品质量。

图 1-16　挪威开发的磷虾捕捞船

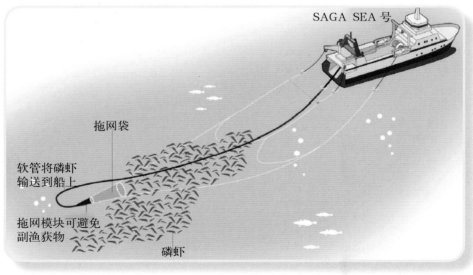

图 1-17　用于捕获南极磷虾的 Eco-Harvesting™ 技术

第二章

南极磷虾的营养与产品开发

第一节　南极磷虾的营养价值

南极磷虾有哪些营养成分?

南极磷虾是全球现存的单种生物资源量最大的生物，也是维持南极生态系统的关键物种和高营养层级生物的重要食物来源。南极磷虾营养物质丰富，蛋白质含量高，蛋白水解产物氨基酸种类丰富，其中包含人体所需的 8 种必需氨基酸，脂肪含量虽低，但含有丰富的磷脂型多不饱和脂肪酸，此外，南极磷虾还含有多种矿物质元素，是一种良好的营养食物来源（图 2-1）。

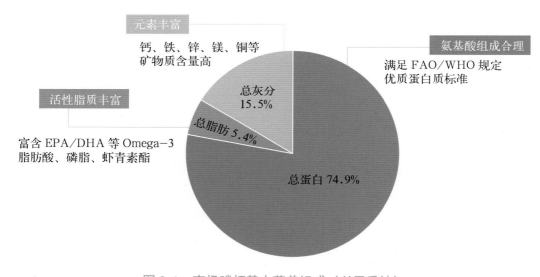

图 2-1　南极磷虾基本营养组成（以干重计）

（1）蛋白质

蛋白质是生命的物质基础，是人体细胞、组织、器官等的重要组成成分，可以说机体所有重要组成部分都需要蛋白质的参与。人体中蛋白质的含量也是很高的，占人体重量的 16% ~ 20%，因此人体对于蛋白的需求也非常大。南极磷虾富含优质蛋白，其蛋白质含量占干重的 70% 左右，加上其产量庞大，因此南极磷虾也被认为是地球上最大的动物性蛋白资源库，可作为补充食物蛋白的巨大资源储备。

（2）氨基酸

氨基酸是构成蛋白质的基本单位，其结构特性在于两端含有氨基和羧基的官能团，氨基酸之间通过氨基和羧基的脱水缩合形成肽键，多个氨基酸通过肽键连接构成人体所需的重要营养成分——蛋白质。根据营养学分类可将氨基酸分为必需氨基酸、半必需氨基酸和非必需氨基酸。必需氨基酸是指人体不能合成或合成速度远低于适应机体的需要，必须靠外界供给的氨基酸；半必需氨基酸是指人体虽能合成，但通常不能满足需要的氨基酸；非必需氨基酸为人体自己能合成，不需要从食物中获取的氨基酸。

南极磷虾蛋白中氨基酸种类齐全，含有多种氨基酸，是一种完全蛋白质。南极磷虾含人体必需氨基酸，包括甲硫氨酸（Met）、苏氨酸（Thr）、色氨酸（Trp）、缬氨酸（Val）、亮氨酸（Leu）、异亮氨酸（Ile）、赖氨酸（Lys）、苯丙氨酸（Phe），还含有一种婴幼儿不能合成的组氨酸（His）。此外，还含有其他 10 种氨基酸，分别是丙氨酸（Ala）、甘氨酸（Gly）、天冬氨酸（Asp）、脯氨酸（Pro）、酪氨酸（Tyr）、半胱氨酸（Cys）、甲硫氨酸（Met）、精氨酸（Arg）、丝氨酸（Ser）、谷氨酸（Glu）。正是由于含有如此丰富的氨基酸，南极磷虾的蛋白质被赋予了无限开发潜力，可作为蛋白资源库来满足人类生存需求。

什么是人体必需氨基酸?

人体必需氨基酸,指人体不能合成或合成速度远不能满足人体生理的需要,必须由食物蛋白供给,这些氨基酸称为必需氨基酸,一共有8种。记住这8种人体必需氨基酸还有一个小口决——"甲携来一本亮色书",分别是指甲硫氨酸、缬氨酸、赖氨酸、异亮氨酸、苯丙氨酸、亮氨酸、色氨酸、苏氨酸。是不是一下就记住了呢?

(3) 脂类

脂类是油、脂肪和类脂的总称,食物中脂类主要是油、脂肪,一般把常温下是液体的脂类称作油,而把常温下是固体的称作脂肪。脂类是人体需要的重要营养素之一,它与蛋白质、碳水化合物是产能的三大营养素,在供给人体能量方面起着重要作用。南极磷虾中脂类含量丰富,主要包括甘油三酯、磷脂、固醇类、游离脂肪酸及其衍生物,其中磷脂的含量占总脂肪的13%~33%。

南极磷虾中脂肪酸种类十分丰富,有研究者从南极磷虾中鉴定出27种脂肪酸,其中不饱和脂肪酸多达13种。南极磷虾中的多不饱和脂肪酸(Omega-3PUFA)含量也是很高的,可达总脂肪酸含量的67.6%,这其中以二十碳五烯酸(EPA)和二十二碳六烯酸(DHA)为主,占到不饱和脂肪酸的80%以上,远高于一般海洋鱼虾类。除此之外,南极磷虾中Omega-3PUFA主要与磷脂相连接,而鱼类脂质中Omega-3PUFA主要与甘油三酯连接。因此,南极磷虾脂质具有不同于其他海洋来源脂质的独特功能和营养特性。

脂肪和脂类有何区别？

　　脂肪是指由一分子甘油和三分子脂肪酸结合而成的甘油三酯。人体内的脂肪约占体重的 10%～20%。人体内脂肪酸种类很多，生成甘油三酯时可有不同的排列组合方式。

　　脂类包括油脂（甘油三酯）和类脂（磷脂、固醇类）。油脂是油和脂肪的统称。类脂 (lipids) 包括磷脂 (phospholipids)、糖脂 (glycolipid) 和胆固醇及其酯 (cholesterol and cholesterol ester) 三大类。因此脂类比脂肪涵盖的种类更广。

（4）矿物质元素

　　矿物质元素是人体内无机物的总称，是人体必需的元素。矿物质元素无法由人体自主产生与合成，因此只能通过外界摄取。人体内约有 50 多种矿物质，虽然矿物质仅占人体体重的 4%，但却是生物体的必需组成部分。人体内矿物质不足可能会出现许多症状：如缺乏钙、镁、磷、锰、铜等，可能引起骨骼或牙齿不坚固；缺乏镁还可能引起肌肉疼痛；缺乏铁、钠、碘、磷等可能会引起疲劳等。

　　研究表明南极磷虾肉中含有丰富的矿物质元素，特别是硒、磷、镁、锌等，南极磷虾肉干样中硒含量约为 2～3.5mg/kg，而普通对虾肉中硒含量为 0.6～1.0mg/kg，可见南极磷虾中硒远高于对虾中的硒含量，是人体补充硒的良好食物来源。

"硒"对人体有哪些益处？

　　近年来"富硒食品"越来越火了，那么硒对人体的有哪些益处呢？硒不仅可以激活人体自身的抗氧化系统，减少氧化损伤，提高免疫力来预防疾病的发生，还可以保护和修复细胞，进而保护人体心脏、肝、肾、肺、眼等重要器官。此外，虽然人体对硒有需求，但是自身不能合成，只能靠外源食物摄入，因此还是需要定期适量摄入适量的富硒食品。

 南极磷虾有哪些活性成分？

　　由于南极磷虾生活于严寒的环境中，因此其体内含有各类活性物质，其在极寒环境中的特殊性能和其作用机理是相关领域研究的热点。除了蛋白质、氨基酸、脂肪、矿物质元素等基本营养成分外，经科学家们研究发现南极磷虾中还有虾青素、甲壳素、酶类以及不饱和脂肪酸等多种生物活性物质。对南极磷虾生物活性物质的研究，不仅有助于我们了解南极磷虾的生存基础，而且有助于将南极磷虾开发，为有益于人类生产和生活的资源。

（1）强效抗衰剂——虾青素

　　虾青素（3,3'-二羟基-β,β'-胡萝卜素-4,4'-二酮基，$C_{40}H_{52}O_4$）是一类烯萜类不饱和化合物。虾青素之所以被称为"世界上较强的天然抗氧化剂之一"，这是因为其结构上的独特性——"共轭双键"，共轭双键的最大特点就是化学性质活泼、不稳定，具有强大的抗氧化活性。虾青素中的共轭双键较长，因此具有良好的生物学功效（图 2-2）。

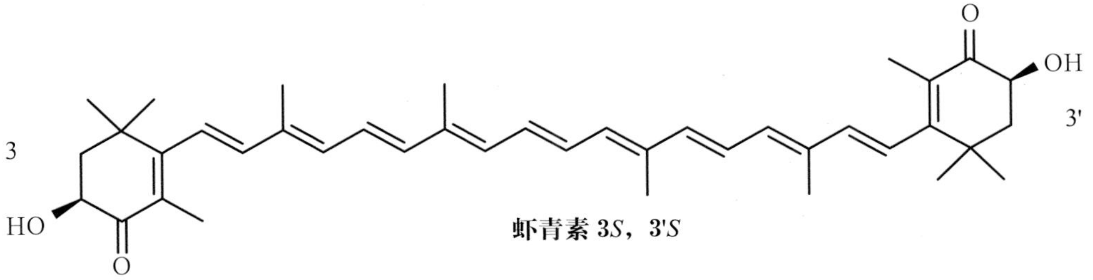

虾青素 3*S*，3'*S*

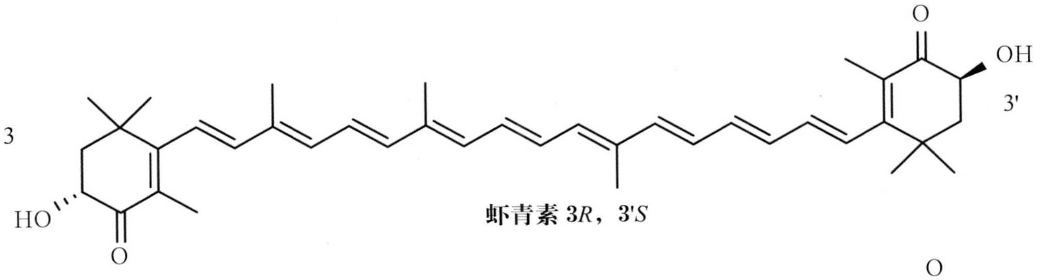

虾青素 3*R*，3'*S*

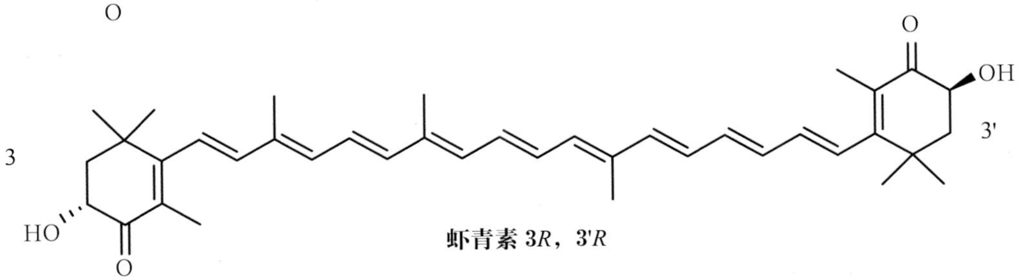

虾青素 3*R*，3'*R*

图 2-2　虾青素的立体异构体

　　虾青素广泛存在于藻类（雨生红球藻、绿球藻等）、真菌（红法夫酵母等）、甲壳动物和鲑中，主要以游离虾青素、虾青素单酯和虾青素双酯的形式存在。在甲壳类动物中，南极磷虾中虾青素的含量相对较高，大约为 30 ~ 40μg/g。虾青素具有多种生物活性，尤其是具有超强的抗氧化活性，可以有效清除人体内氧化应激产生的自由基，从而实现抗衰老、抗炎、抗肿瘤、预防心血管疾病等生理功能。虾青素的抗氧化活性是 β－胡萝卜素的 10 倍，是 α－生育酚的 100 倍，也被称为"超级维生素 E"。

南极磷虾虾青素不稳定的分子结构赋予了其多种生物活性。国内外学者对虾青素在体内消化、吸收、转运及代谢过程做了大量的研究工作。发现虾青素进入人体后通过淋巴系统输入到肝脏，与胆汁酸混合后在小肠内被部分吸收，然后再通过全身循环释放进入淋巴。有研究证实高脂饮食可以增加虾青素的吸收，低脂饮食则减少其吸收。南极磷虾具有优异的功能特性与庞大的生物资源量，将来定会成为天然虾青素开发利用的良好选择。

虾青素名字的起源

虾青素，也称虾黄素、虾黄质。早在1933年，有科学家从虾、蟹等水产品中提取出一种紫红色结晶物质，它是一种类胡萝卜素，与虾红素有着密切关系，故命名为"虾青素"。

（2）海洋中的百宝箱——多不饱和脂肪酸

不饱和脂肪酸是指分子结构 $[CH_3(CH_2)_nCOOH]$ 中至少含有一个碳碳双键的脂肪酸，而多不饱和脂肪酸即是含有多个碳碳双键的脂肪酸。不饱和脂肪酸可用于调节人体的各项机能，清除体内"多余的垃圾"。人体一旦缺少了不饱和脂肪酸，各方面的机能就会产生变化，最终导致疾病的发生。南极磷虾中以DHA和EPA为代表的多不饱和脂肪酸含量丰富，是能提供多不饱和脂肪酸的食物原料。

DHA也称二十二碳六烯酸，也就是脑黄金。DHA是神经系统生长维持的主要成分，是大脑和视网膜的重要构成成分，对胎儿和婴儿的智力和视力发育形成至关重要，因此科学家建议儿童和孕妇应补充DHA。

4　为什么南极磷虾越来越受人们的欢迎？

随着世界人口的增加，人类对蛋白质的需求也在增加。水产品是蛋白质的一个重要来源。与猪肉、牛肉等陆地动物肉类相比，南极磷虾的蛋白质含量更高，且所含的氨基酸种类也十分丰富，综合营养价值很高。南极磷虾中呈味氨基酸（谷氨酸、天冬氨酸等）的含量也较高，因此食用时滋味鲜美。此外，南极磷虾中还富含钙、钾、钠、铁、铜、锌、钛、钡等元素以及维生素族群等，因此，南极磷虾的营养价值是毋庸置疑的。

南极磷虾还含有丰富的虾青素、不饱和脂肪酸、甲壳素、活性酶类和功能多肽等多种生物活性物质，可起到降低血脂，预防冠心病、动脉粥样硬化等保健功效。而且南极磷虾处于南极海域食物链的底端，以浮游植物为食，不易受到多氯联苯、重金属等污染，安全性较高。如此美味、安全又有营养的食物，消费者怎能不爱呢？

当前，南极磷虾正逐渐走向普通消费者的餐桌。消费者根据南极磷虾鲜嫩可口的特点，与其他食材相结合，通过煎、炒、炸、煮等不同烹饪方式，开发了南极磷虾的经典菜谱，如鸡蛋炒磷虾、南极磷虾饺、香酥磷虾、磷虾饼、磷虾糕等。

第二节　南极磷虾产品的加工技术

南极磷虾的加工模式有何特点?

南极磷虾对生存环境的要求很高，生活区域限定在南极大陆周围海域，需在低温和低盐的水域中生活。南极磷虾的自身特性，使其在捕捞离水后极易发生死后自溶，因此需捕捞后立即于船上进行加工，这也决定了南极磷虾加工产业是一种海陆接力型产业(图2-3)：南极磷虾经捕捞后首先在船上进行初步加工，而后经冷链运回陆地进行后续加工利用。

目前，南极磷虾船载加工产品主要包括南极磷虾粉、冻生磷虾、冻熟磷虾、磷虾肉糜；陆基加工产品包括南极磷虾油、南极磷虾蛋白肽、南极磷虾甲壳素等高值产品，以及南极磷虾干、南极磷虾罐头、南极磷虾酱等普通食品。

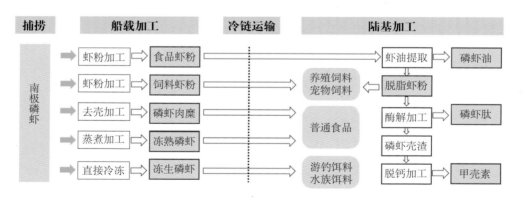

图 2-3　南极磷虾的加工模式图

2 南极磷虾为什么要在船上冷冻加工贮藏?

南极磷虾对环境的适应能力较弱,适温范围在 0.64 ~ 1.32℃,特殊的生存环境使南极磷虾的内源酶大多呈现适冷特性,在低温条件下仍具有很高的活力,这导致南极磷虾死后自溶速度极快。经研究证实,刚捕获的南极磷虾即使在 0 ~ 2℃条件下贮藏,24h 后也会严重变质,产生浓烈的氨臭味,不可食用。由于南极磷虾资源分布于远离大陆岸的极地海域,且死后极易发生品质劣变,因此南极磷虾经捕捞上船后,需立即进行加工并冷冻贮藏(图 2-4)。若是作为食品原料,那么在南极磷虾被捕获后的 3h 内必须加工完毕;若是作为饲料原料,则必须在 10h 内加工完毕。

图 2-4 南极磷虾捕捞加工船

目前针对捕捞上船的南极磷虾,最主要的加工方式是首先在船上加工成南极磷虾粉,然后将南极磷虾粉运回陆地进行后续利用。南极磷虾被加工为南极磷虾粉后，原料重量可减少 60% 以上、体积可减少 50% 左右，贮藏更加便利且最大程度地降低远洋运输的成本。此外，少部分的南极磷虾仍采用传统远洋水产品的加工方式，即直接冷冻或先蒸煮再冷冻。南极磷虾生虾或熟虾经称重分盘后，速冻至冻块中心温度 −26℃ 以下，而后在 −18℃ 以下的环境中进行贮藏和运输。

南极磷虾如何进行脱壳采肉？

为提升行业加工水平和经济效益，同时较好地规避南极磷虾虾壳中高含量氟带来的潜在风险，对南极磷虾进行机械化脱壳处理已成为必然。南极磷虾脱壳技术由其他甲壳动物脱壳技术演变而来，目前已经能够生产出可被大众接受的南极磷虾肉糜，可供直接食用或用作开发其他产品。滚筒脱壳法是由波兰和日本技术人员开发的一种南极磷虾脱壳方法，在船上已得到应用，每小时可加工 500kg 南极磷虾，成品率为 10% ~ 25%。

南极鳞虾脱壳虾肉的加工工艺：南极磷虾捕捞后，经搅拌清洗、沥水后进行脱壳处理，获得脱壳虾肉（图 2-5）。脱壳后的磷虾肉糜呈粉红色，弹性好，味道鲜美。

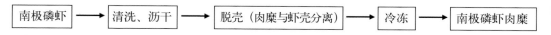

图 2-5　南极磷虾脱壳处理的工艺流程图

南极磷虾粉是怎么加工的?

　　我国在 2009 年启动南极海洋生物资源的开发利用，经过 10 多年发展，已形成了规范有序的产业链发展模式。当前我国南极磷虾在食品和保健品中的应用研究主要集中在南极磷虾粉、南极磷虾油、南极磷虾肽方面。

　　由于南极磷虾捕捞季节性强，易腐败，不易保存，为满足随时生产的需要，现在基本上是先在捕捞船上将捕获的南极磷虾即时加工成南极磷虾粉，以确保新鲜和保留所有重要的营养成分，再将其密封包装并冷冻贮存，最后，运输至陆地加工厂，作为加工南极磷虾油的原料（图 2-6）。

图 2-6　南极磷虾捕捞作业现场

南极磷虾粉的加工工艺：南极磷虾捕捞后，立即在 60 ～ 100℃经梯度升温蒸煮加热 3 ～ 20min；再进行干燥，干燥温度为 60 ～ 89℃；干燥后再粉碎成 30 ～ 100 目粉状（即为南极磷虾粉）（图 2-7）。

图 2-7　南极磷虾粉的加工工艺流程图

 南极磷虾油是怎么加工的？

南极磷虾油是指以南极磷虾或南极磷虾粉等为原料，经提取、过滤、浓缩等工序制成的产品（图 2-8）。现在大多数工艺是采用船上加工和岸上加工相结合的方式。

图 2-8　南极磷虾油

采用南极磷虾或南极磷虾粉提取南极磷虾油的加工工艺如下：

第一阶段：南极磷虾捕捞后，立即在 60 ～ 100℃下加热 3 ～ 20min；再进行干燥，干燥温度为 60 ～ 89℃；干燥后再粉碎成 30 ～ 100 目粉状（即为南极磷虾粉）。此阶段一般在船上进行。

第二阶段：用 95％以上的乙醇溶液在 4 ～ 30℃下浸泡南极磷虾粉，浸泡后的悬浊液用剪切乳化机进行剪切提取，然后进行静置或搅拌提取，分离提取液，提取并分离提取液 2 ～ 4 次，将提取液在温度 30 ～ 60℃、压强 −0.05 ～ −0.1MPa 下蒸发，除去提取液中乙醇有机溶剂后得到磷脂含量为 40％～ 45％的南极磷虾油。整个工艺过程只使用乙醇和水进行萃取，没有经过二次加工，且采用真空脱除溶剂避免营养成分被破坏，获得的南极磷虾油保持着最纯净原始的形态，磷脂、多不饱和脂肪酸、虾青素等营养成分也得到最大程度的保留。乙醇萃取已成为行业内生产南极磷虾油的主要方式（图 2-9）。

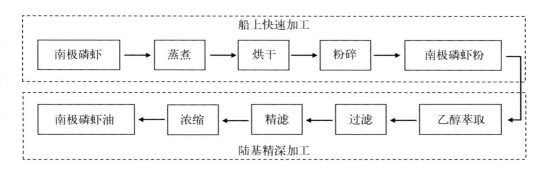

图 2-9　南极磷虾油的加工工艺流程图

如何加工南极磷虾油？

6 南极磷虾蛋白肽是怎么加工的？

多肽是 α-氨基酸以肽键连接在一起而形成的化合物，通常由三个或三个以上氨基酸分子脱水缩合而成，是蛋白质水解的中间产物。与大分子蛋白质相比，经酶解获得的小分子肽更容易被人体吸收利用，且多肽两端暴露的氨基酸残基可增加其生物活性。此外，天然食品原料来源的多肽具备更高的安全性与生物相容性，因此具有更广阔的开发前景。

南极磷虾蛋白肽是指以南极磷虾、南极磷虾粉或脱脂南极磷虾粉等为原料，经酶解、脱色、脱盐、脱腥、干燥等工序制成的产品（图2-10）。

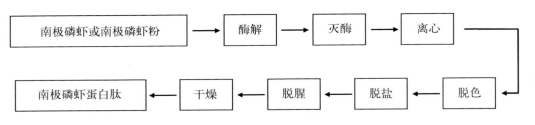

图 2-10　南极磷虾蛋白肽的加工工艺流程图

经科学家研究证实，南极磷虾蛋白肽的氨基酸组成合理，满足联合国粮食及农业组织和世界卫生组织推荐的优质蛋白标准，营养价值高；同时，南极磷虾蛋白肽也已被证明具有增强免疫力、抗氧化、抗疲劳等众多功能，具有良好的开发价值。随着我国海洋渔业的快速发展，南极磷虾相关的食品加工技术也取得了长足进步，南极磷虾产品开发已由最初的南极磷虾粉加工拓展至高附加值的南极磷虾油、南极磷虾蛋白肽等高值产品的生产（图2-11）。

分子质量小	营养全面	功能强大	功效显著
分子质量小于1 000u 不经消化道，直接被人体吸收	氨基酸种类丰富 含人体所需的各种氨基酸	增强免疫力、抗氧化 抗疲劳、耐缺氧、抗衰老	降血压、降血糖、降血脂 预防骨质疏松

图 2-11　南极磷虾蛋白肽的特点

实用小贴士——如何正确挑选南极磷虾皮?

南极磷虾皮由鲜冻南极磷虾经预煮、干燥等工序制成。南极磷虾皮的特点是眼睛大而黑,虾体自然弯曲呈"竹节红",即一段红色、一段白色,肉质厚实、有柔韧性,有一股淡淡的鲜香味。

(5) 其他食品

近年来,南极磷虾在方便食品、调味食品领域也得到了应用,常见的有南极磷虾罐头、南极磷虾虾酱、南极磷虾海鲜酱等产品。特别是南极磷虾罐头,包含多种口味。南极磷虾罐头主要生产工序为清洗、调味、装罐、封罐、高压灭菌等,其特点是由于经过高压灭菌,杀灭了微生物,且罐装容器密封性能好,因此产品可在常温下长期储存(图2-16)。

图 2-16 · 其他食品

南极磷虾可以加工成哪些饲料产品?

（1）南极磷虾粉

南极磷虾粉是目前南极磷虾加工产业最重要的产品之一，据其品质或加工之前设定的目标用途可分为食品级南极磷虾粉和饲料级南极磷虾粉。南极磷虾粉的氨基酸、脂肪酸营养均衡，是一种公认的优质蛋白源，同时含有磷脂、Omega-3多不饱和脂肪酸、虾青素等活性脂质。饲料级南极磷虾粉的原料新鲜度略差，在贮藏运输中可能会使用抗氧化剂，只能于用饲料原料，目前大多作为高端的养殖饲料和宠物食品，南极磷虾粉可促进养殖动物生长，改善其品质，提高繁殖能力；作为宠物食品时，可以有效改善动物皮肤和皮毛状况，增进心血管、肝脏、肾脏、骨关节等器官健康。南极磷虾粉的功能化应用和相关高值健康食品开发已展现出广阔的市场前景（图2-17）。

图 2-17　南极磷虾粉

（2）游钓饵料和观赏鱼饵料

南极磷虾具有滋味鲜美的特点，同时富含虾青素、牛磺酸、核苷酸等水产动物适口性成分，具有很好的诱食作用，是深受欢迎的游钓饵料和观赏鱼饵料（图 2-18）。

图 2-18　鲜南极磷虾

南极磷虾已开发成哪些功能性食品？

食品级南极磷虾粉的精深加工利用是目前南极磷虾加工产业的核心。以南极磷虾粉为原料经过提取精炼可生产南极磷虾油；脱油后的南极磷虾粉目前主要用于生产南极磷虾蛋白肽。

（1）南极磷虾油

南极磷虾油，简称"磷虾油"，是从南极大磷虾中提取的油脂。南极磷虾油中富含磷脂、Omega-3 不饱和脂肪酸，特别是 EPA 和 DHA 可以与磷脂结合的特性,使其更易被人体吸收,生物利用度更高。此外,磷虾油中还富含天然虾青素、甾醇、维生素等活性成分,在调节脂质代谢和糖代谢,抑制炎症反应,改善神经细胞功能等方面具有更优的生理功效。

南极磷虾油的目标市场主要是倾向于营养保健和制药行业。相对于南极磷虾粉,南极磷虾油的营养成分种类与功能更为丰富,因此,南极磷虾油的市场价值更高。早在 2013 年原国家卫生和计划生育委员会第 16 号公告批准南极磷虾油为新食品原料后,到目前为止南极磷虾油已被开发成软胶囊、凝胶糖果、压片糖果等不同产品形式(图 2-19)。

南极磷虾油软胶囊　　　　　南极磷虾油凝胶糖果　　　　　南极磷虾油压片糖果

图 2-19　南极磷虾油的具体产品形式

目前,已有四款磷虾油软胶囊产品通过我国国家市场监督管理总局审批,获得保健食品批准文号(图 2-20)。随着健康中国建设的推进以及国民对健康食品认知度与需求量的提升,南极磷虾油作为新一代海洋功能脂质产品,其营养价值和健康功能逐步为大众认知和认可,以南极磷虾油为主要功效成分的保健食品数量将不断增多,种类将不断丰富。

图 2-20 南极磷虾油保健食品

（2）南极磷虾蛋白肽

目前加工产业针对南极磷虾蛋白资源的利用，集中于南极磷虾蛋白肽的研发与生产。随着开发和研究的深入，南极磷虾蛋白肽被证明具有众多的健康功能，主要包括：有助于抗氧化、增强免疫力、改善痛风、减轻炎症反应、改善骨质疏松等。南极磷虾蛋白肽是下一个最有望开发为保健食品的南极磷虾制品（图2-21）。

图 2-21 南极磷虾蛋白肽

南极磷虾可以开发成哪些生物医药制品?

(1) 南极磷虾内源酶

南极磷虾具有高效、强大的酶系统,主要包括丝氨酸类胰蛋白酶、羧肽酶、碱性磷酸酶等蛋白酶,以及脂肪酶、葡聚糖酶、纤维素酶、几丁质酶等非蛋白酶。南极磷虾酶为内切酶和外切酶的混合物,两者协同作用能够快速降解生物材料,即使在低温条件下仍具有较高的活性。南极磷虾酶的这些独特性能已被证明能够有效降解坏死的组织碎片、纤维蛋白或血痂等。因此,南极磷虾酶被视为未来可以用于处理坏死创面的重要资源。由于南极磷虾酶系的"高活性",其清创效果显著优于现有的单一或几种酶混合的酶制剂。另外,已有研究证明南极磷虾酶在加快创口愈合、治疗痤疮、溶解血栓、治疗角膜碱烧伤、促进消化等方面有作用。南极磷虾内源酶在新型生物医药制品开发应用领域潜力巨大。

(2) 南极磷虾甲壳素

南极磷虾甲壳素存在于虾壳中,是一种 α 型甲壳素,主要由晶粒细小、稳定性好、排列整齐的微晶组成。南极磷虾甲壳素通常是以南极磷虾壳为原料,通过碱处理、酸处理和氧化处理等步骤,脱除蛋白质、灰分、色素等成分后获得。以南极磷虾壳为原料制备的甲壳质具有良好的生物相容性、生物可降解性和多种功能活性,其独特的晶体结构与热学性质使其在众多领域得到广泛的应用。值得关注的是,甲壳素经脱乙酰处理后可获得壳聚糖,已有研究证明,南极磷虾壳聚糖的抑菌、止血效果良好,具有创口修复、抑制重金属吸收等功能。总之,南极磷虾甲壳素在新型生物医药制品开发应用领域的潜力巨大。

第四节　南极磷虾产品的开发和利用现状

南极磷虾新兴产业发展现状如何？

　　南极磷虾资源的开发利用主要集中在人类食品、养殖饲料和以磷虾油为主的功能保健食品三大领域。海上船载加工产品类型主要为冻南极磷虾和南极磷虾粉，另有少量去壳南极磷虾仁和南极磷虾肉糜等。冻虾可直接或经加工后用作冰鲜养殖饲料、游钓饵料或观赏鱼饵料等，亦可直接用于磷虾油提取加工。南极磷虾粉主要用于提取磷虾油或用作养殖饲料添加剂；磷虾油可进一步深加工成营养功能食品或保健品；提油后的脱脂磷虾虾粉仍可用作养殖饲料添加剂；南极磷虾虾仁和肉糜则可直接用作食品和后续加工。

　　南极磷虾产业作为中国远洋渔业的重要组成部分，其产业链形态构建尚处于起步阶段，相对较为简单（图2-22）。"产前"环节主要涉及渔船装备和关键技术，其中渔船装备包括拖网船、捕捞装备等，关键技术包括渔场预报系统和渔用材料等；"产中"环节主要涉及船载加工和陆基加工，其中船载加工主要包括南极磷虾脱壳、冷冻、冷藏、虾粉加工等，陆基加工主要包括南极磷虾粉、南极磷虾油以及相关食品加工和保健医药产品等高附加值产品加工；及"产后"环节主要是各种产品的销售及市场信息向"产中"及"产前"环节的反馈，以增强产业链各环节对市场需求的适应性。

南极磷虾资源的开发与利用（1）　　南极磷虾资源的开发与利用（2）

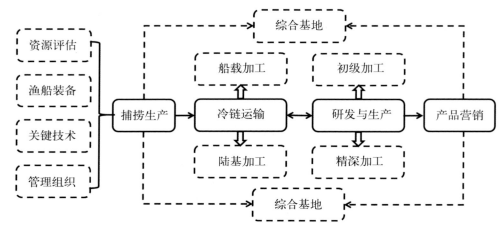

图 2-22 南极磷虾全产业链发展模式

 南极磷虾产品的开发前景如何?

(1) 南极磷虾的数量巨大

〡〡〡〡〡〡〡〡〡〡〡〡〡〡〡〡〡〡〡〡〡〡〡〡〡〡〡〡〡〡〡〡

南极磷虾的资源量极其庞大,每年大约有 3 亿 t 南极磷虾被须鲸、海豹、企鹅、海鸟以及鱼类吃掉,人类的商业捕捞量还不到海豹消耗量的 0.5%。对人类目前的开发能力而言,南极磷虾资源似乎是"无限量供应"的,即便如此,国际上还是于上世纪九十年代初期设定了 62 万 t 的临时性捕捞限额。据 2021 年南极海洋生物资源养护委员会发布的南极磷虾捕捞量统计,2020 年南极磷虾总捕捞产量达到 45 万 t,离 62 万 t 的限额还有不小的差距。因此,在全球渔业资源持续衰退的背景下,南极磷虾有望成为人类未来最大的蛋白质资源库。

（2）南极磷虾资源可持续

面对丰富的南极磷虾资源，全球达成共识，秉持在保护的基础上加以综合利用的原则。早在 1993 年《南极海洋生物资源养护公约》制定了南极磷虾的捕捞限额，此举避免了因人类过度捕捞而造成磷虾灭种的危险。除了发布国际公约，还有许多磷虾捕捞企业进行了自发的海洋保护活动。2020 年 12 月 11 日，由全球八大磷虾捕捞公司组建的磷虾企业协会宣布，将在南极半岛的希望湾区域实施全年性自主禁渔措施，支持在这样生态敏感的地区建立一个大规模的海洋保护区。

（3）南极虾的营养价值高

南极磷虾虽然个头小，但却浑身都是宝，其营养价值已在世界范围内被认可。南极磷虾具有典型的高蛋白、低脂肪的特点，以干重计，南极磷虾中蛋白质含量高达 50% 以上，可以直接向人类提供大量的动物蛋白，被称为"世界蛋白质资源库"。澳大利亚和阿根廷的科学家们曾估计，若每年捕捞 7 000 万 t 南极磷虾，就能向全世界四分之一的人口每天提供 20g 海洋动物蛋白质。除了食用价值外，南极磷虾本身还具有很高的医用价值。南极磷虾含有磷脂、Omega–3 不饱和脂肪酸、虾青素、多种必需氨基酸等活性成分。

开发利用南极磷虾资源，符合国家保护近海渔业资源，发展和壮大远洋渔业的发展方针，南极磷虾资源开发将带动捕捞技术、水产品精深加工、海洋制药、装备制造等相关产业的发展，具有极其广阔的发展前景。

影响南极磷虾产品开发利用的主要因素是什么?

　　随着对南极磷虾营养成分与功能的不断挖掘和生产技术的不断发展，南极磷虾的产品形式也越来越多样化，针对不同部位、不同营养成分以及多种用途分别进行了相应的开发。在我国，南极磷虾的加工主要集中在初级加工阶段，精深加工程度较低，这与南极磷虾的自身限制因素有一定的关系，存在一些须攻克的技术环节，如脱壳技术、原料贮藏与运输等问题。

　　南极磷虾中甲壳内氟化物水平较高以及自溶酶影响贮存运输等问题是目前南极磷虾产品开发过程中存在的主要限制因素。南极磷虾具有富集氟的特性，研究发现氟在南极磷虾各部位的分布中由高到低分别是甲壳、头胸部和肌肉，且南极磷虾死后体内的氟元素会向肌肉中迁移，因此南极磷虾加工过程中必须考虑虾体高氟问题以及加工过程中氟元素的迁移问题。

　　南极磷虾体内含有活性很高的水解酶，当磷虾死后，这些酶就会将体内的蛋白组织快速分解，因此捕捞的磷虾必须立即加工。如果要加工成食品，那么所有的磷虾必须在3h内加工完毕；如果是做成水产或畜牧饲料，那么至少也要在10h内加工完毕。因此，磷虾被捕捞后很容易在短期内变质，如果船只的加工能力跟不上，那么不仅会造成极大的资源浪费，还会污染南极的环境，船只的能耗成本也会增加。

　　总之，在南极磷虾的开发利用过程中，应加大对加工利用瓶颈问题的重视与科研投入，攻克技术难关，为进一步开发南极磷虾高值产品提供技术支撑，也为健全南极磷虾产业链的发展奠定基础。

第三章

南极磷虾油的功效与人体健康

第一节　南极磷虾油及其功效成分

 南极磷虾油的主要特点是什么？

（1）活性成分多

南极磷虾生活在寒冷的南极，为了适应极端的生存环境，越是寒冷地区的生物，所含有的活性成分越多。磷虾油浓缩了南极磷虾的精华成分，融合了Omega—3不饱和脂肪酸（EPA、DHA）、磷脂、胆碱和虾青素等活性成分（图3—1）。磷虾油作为可持续利用的Omega—3不饱和脂肪酸来源，具备两大特殊的成分：①磷脂结合型Omega—3不饱和脂肪酸；②具有抗氧化活性的天然虾青素。

图3-1　南极磷虾油

（2）人体吸收利用率高

脂肪酸链长和双键数量影响着其在肠道内吸收的效率。人体的细胞膜是由磷脂所构成的，人摄食的大部分磷脂均可在胰腺磷脂酶 A2 和其他酶的协助下，在小肠内被水解。磷脂结合型 Omega-3 不饱和脂肪酸易被组织器官所利用，用于构建细胞膜或结合到各组织器官的膜结构上，因此，人体对磷脂形式的 EPA 和 DHA 的吸收性更强。

（3）无鱼腥回味

与鱼油相比，磷虾油不会有鱼腥回味。鱼油中甘油三酸酯形式的 Omega-3 不饱和脂肪酸一开始在胃中无法被吸收，漂浮在表面，导致打嗝时会产生鱼腥味。磷虾油中高含量的磷脂具有乳化作用，使磷虾油能在胃内完全乳化分散，增加人体吸收性的同时，打嗝的时候也不会有鱼腥味。

2 为什么南极磷虾油呈深红色？

南极磷虾摄食的浮游植物多种多样，其中包括一些能够合成虾青素的微藻，于是虾青素随着食物链传递也同样被南极磷虾摄入。南极磷虾油浓缩了南极磷虾体内的虾青素，南极磷虾油呈现的深红色正是虾青素的颜色。南极磷虾油中富含天然的虾青素，其体内高于 95% 的色系都是虾青素的存在产生的（图 3-2 和图 3-3）。

图 3-2　深红色的磷虾油

1g 浓缩磷虾油　　　100g 南极磷虾　　　1 000g 鲑　　　2 000g 对虾
（含虾青素 4mg）

图 3-3　不同产品中虾青素含量对比

南极磷虾油中含有哪些活性成分?

(1) 磷脂

磷脂是一类由甘油、脂肪酸和磷酸基团组成的脂质分子。磷脂只有 2 个脂肪酸分子连接到磷酸基团上，磷酸基团进一步关联至首基（图 3-4），首基可能由胆碱、乙醇胺、甘油、肌醇或丝氨酸构成。磷脂常与蛋白质、糖脂、胆固醇等共同构成磷脂双分子层，即生物细胞膜的主要结构。磷脂与甘油三酸酯的结构不同，其差异在于磷脂中的磷酸基团取代了甘油三酸酯中一个脂肪酸。磷脂与甘油三酸酯结构的差异决定了二者性质的不同。甘油三酸酯极其疏水，无法与水混合，它们在水中会形成大的脂肪滴。而磷脂则具有双极性，因为它们一端为首基，另一端为亲水和疏水链，由于存在这种双重结构，磷脂能够与水混合。

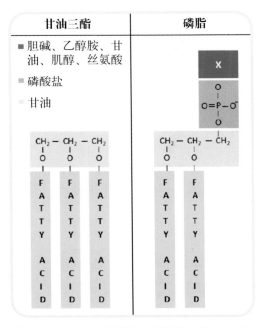

图 3-4　甘油三酸酯和磷脂的结构对比图

大量科学研究发现，大豆磷脂和南极磷虾油中磷脂的组成成分不同，大豆磷脂主要含有卵磷脂（约 34.2%）、脑磷脂（约 19.7%）、磷脂酰肌醇（约 16.0%）、磷脂酰丝氨酸（约 15.8%）、磷脂酸（约 3.6%）及其他磷脂（约 10.7%）；南极磷虾油中磷脂主要成分为卵磷脂（66.93%）、溶血卵磷脂（24.62%）、脑磷脂（1.77%）、磷脂酰肌醇（0.26%）及其他磷脂（6.42%）。南极磷虾油富含高达 50% 的优质海洋动物源磷脂，具有磷脂结合型 Omega—3 不饱和脂肪酸（EPA+DHA）和多样性超强抗氧化物（磷脂型虾青素），而且南极磷虾油中卵磷脂结合型的 EPA 占总 EPA 含量 60% 以上，大大提高了人体对磷虾油的吸收率。

（2）胆碱

胆碱是一种强有机碱，是卵磷脂的重要组成成分，也存在于神经鞘磷脂之中，是机体中可变甲基的一个来源，同时又是乙酰胆碱的前体（图 3-5）。磷虾油中卵磷脂含量约占 40%，是优秀的胆碱来源。

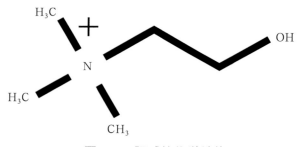

图 3-5　胆碱的化学结构

胆碱作为卵磷脂的首基，是人体必需的营养素，对大脑和肝脏的新陈代谢尤为重要。胆碱参与支持细胞结构和功能、基因调节和脂肪代谢，这对人体健康至关重要。胆碱除了作为磷脂的重要组成部分之外，还被人体用于合成乙酰胆碱，乙酰胆碱是一种神经递质，可参与与记忆有关的神经元网络，通过补充含有胆碱的复合物（如卵磷脂）可以促进乙酰胆碱的合成，从而对中枢神经系统有益，提高大脑记忆机能。另外，磷脂中的胆碱对脂肪有亲和力，不但可预防脂肪肝，还能促进肝细胞再生。同时，磷脂可降低血清胆固醇含量，防止肝硬化并有助于肝功能的恢复。

（3）Omega-3 不饱和脂肪酸

EPA（二十碳五烯酸）和 DHA（二十二碳六烯酸）均属于 Omega-3 不饱和脂肪酸（图 3-6）。EPA 可以降低血液中胆固醇和甘油三酯的含量，从而降低血液黏稠度，防止脂肪在血管壁沉积，从而预防心血管疾病。DHA 俗称脑黄金，是神经系统细胞生长及维持的一种主要元素，也是大脑和视网膜的重要构成分。

在磷虾油中，Omega-3 不饱和脂肪酸与磷脂结合，在鱼油等动物油脂中，Omega-3 不饱和脂肪酸与甘油三酸酯或乙酯相结合，而现有的科学研究表明，磷脂结合型不饱和脂肪酸的生物利用率更高。

二十二碳六烯酸（DHA）

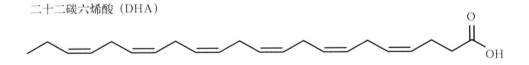

二十碳五烯酸（EPA）

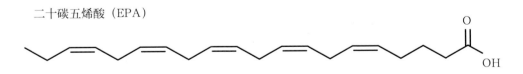

图 3-6　EPA 和 DHA 的结构图

（4）虾青素

虾青素（astaxanthin，3,3'－二羟基－4,4'－二酮基－β,β'－胡萝卜素），又名虾黄素、虾黄质，是一种含氧类胡萝卜素衍生物。虾青素是甲壳类动物和鲑等海洋鱼类的主要色素，但是这些鱼类自身不能合成虾青素，必须从食物中获得。天然虾青素通常是由部分藻类、细菌和浮游生物产生。虾、蟹等甲壳类动物食用这些藻类和浮游生物后，把虾青素贮存在壳中，因此它们的外表呈红色。

不同生物体内虾青素的存在形式有着较大差异（图3-7）。虾青素在南极磷虾中主要以虾青素双酯、虾青素单酯、游离态虾青素的形式存在，比例分别约为52%、42%和6%。雨生红球藻中虾青素单酯占82%，虾青素双酯占12%，游离态的虾青素6%。磷虾油中虾青素与磷脂共轭存在，虾青素的一个或两个乙醇羟基官能团酯化为脂肪酸。

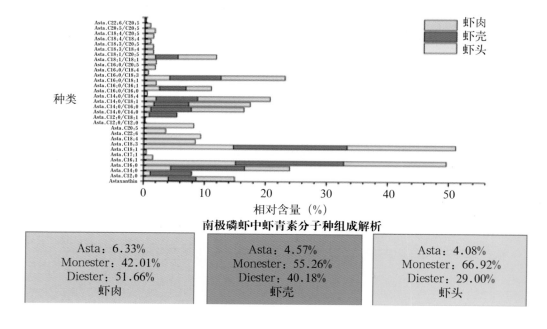

南极磷虾中虾青素分子种组成解析

Asta：6.33%	Asta：4.57%	Asta：4.08%
Monester：42.01%	Monester：55.26%	Monester：66.92%
Diester：51.66%	Diester：40.18%	Diester：29.00%
虾肉	虾壳	虾头

图 3-7　南极磷虾中虾青素的组成特点

Asta，游离态虾青素；Monester，虾青素单酯；Diester，虾青素双酯

虾青素是一类具有高效抗氧化性的类胡萝卜素，可避免磷虾油中 Omega-3 脂肪酸氧化，也属于磷虾油的天然防腐剂，这意味着不需要任何添加剂就可以保证磷虾油的持久新鲜和功效稳定。

南极磷虾油的营养价值

 为什么人体对磷脂结合型 Omega-3 不饱和脂肪酸的吸收利用

更好？

磷脂通过构建细胞膜或结合到各组织器官的膜结构上，将不饱和脂肪酸和脂溶性成分（如胆固醇和维生素E）从肠道释放到血液中，进而输送至全身。与磷脂结合型 Omega-3 不饱和脂肪酸可以被组织器官所利用，从而使得人体对 EPA、DHA 能够更好地吸收，吸收率高达 95%～98%。

甘油三酸酯的性质类似于脂肪，不能与水混合，必须和胆固醇、载脂蛋白一起，进入脂蛋白的内部空间，结合后的颗粒称为乳糜微粒。甘油三酸酯型 Omega-3 不饱和脂肪酸被人体细胞吸收后，大部分被作为能量进行燃烧或贮存在人体中。因此，甘油三酸酯型 Omega-3 不饱和脂肪酸的剂量必须足够大，才可补偿这些损耗，以确保在细胞层面可提供充足的 Omega-3 不饱和脂肪酸（图 3-8）。

综上所述，人体对磷脂结合型 Omega-3 不饱和脂肪酸的吸收利用更好，与甘油三酯型 Omega-3 不饱和脂肪酸相比，要使血液中 Omega-3 不饱和脂肪酸达到相同的浓度水平，所需摄入的磷虾油中的 EPA 和 DHA 剂量要比鱼油低，也就是说为了达到相同的保健效果，磷虾油的服用量远低于鱼油的服用量。

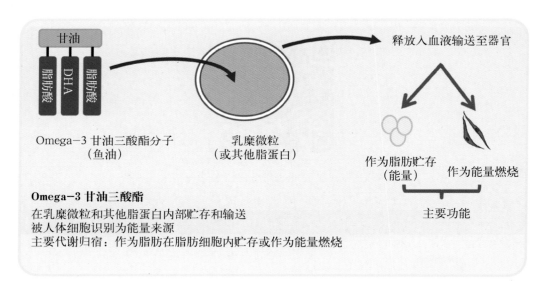

Omega-3 甘油三酸酯
在乳糜微粒和其他脂蛋白内部贮存和输送
被人体细胞识别为能量来源
主要代谢归宿：作为脂肪在脂肪细胞内贮存或作为能量燃烧

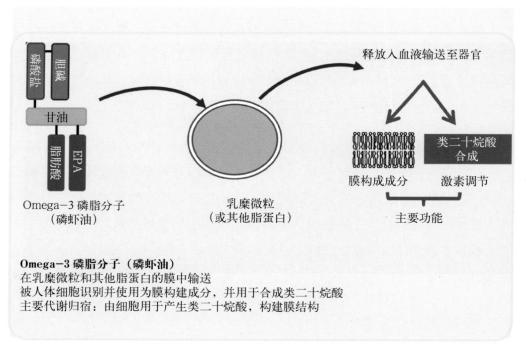

Omega-3 磷脂分子（磷虾油）
在乳糜微粒和其他脂蛋白的膜中输送
被人体细胞识别并使用为膜构建成分，并用于合成类二十烷酸
主要代谢归宿：由细胞用于产生类二十烷酸，构建膜结构

图 3-8　鱼油和磷虾油的代谢归宿

第二节 南极磷虾油与人体健康

磷脂的主要功效是什么？

磷虾油中 Omega-3 不饱和脂肪酸是以磷脂形式存在的，与鱼油中甘油三酸脂形式的 Omega-3 不饱和脂肪酸相比，磷脂形式的优势就在于它能让 Omega-3 不饱和脂肪酸直接在胃和小肠中就被吸收和消化，组织细胞对磷脂形式的 EPA 和 DHA 的吸收性更强；磷脂具有亲油性和亲水性，即使消化不良的人服用也不会产生恶心、反胃等副作用；磷脂能将血管中堆积的油脂溶解于水中，通过人体正常的新陈代谢排出体外，有效地清洁血管，带走多余的脂肪和垃圾，因此，磷虾油也被称为"血管的清道夫"。

除了磷脂与 Omega-3 不饱和脂肪酸的综合或互补功效之外，相关研究证明，单独服用含有胆碱的磷脂（被称为"卵磷脂"）对大脑和肝脏的新陈代谢尤为重要。其主要功效表现在可延缓衰老，降低炎症疾病的影响，改善认知机能，改善血浆和肝脏脂质代谢，降低血浆胆固醇和甘油三酸酯水平，提高人体内 HDL（高密度脂蛋白）胆固醇的含量，预防肝纤维化和因酒精引起的肝硬化。

虾青素的主要功效是什么？

虾青素是迄今为止人类发现的自然界最强的抗氧化剂，虾青素无法在体内合成，只能通过膳食摄取。虾青素的抗氧化能力主要体现在清除单线态氧分子、羟基自由基和超氧阴离子的能力，经科学实验表明，虾青素的抗氧化能力是番茄红素的 10 倍、β-胡萝卜素的 100 倍、维生素 E 的 550 倍、维生素 C 的 6 000 倍（图 3-9）。

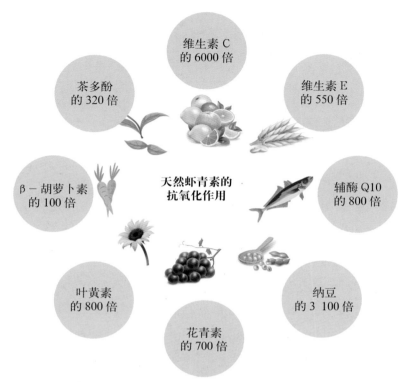

图 3-9　虾青素的抗氧化能力

　　大量科学研究表明,虾青素可以中和自由基,避免脂质和低密度脂蛋白(LDL)的氧化降解,剂量较高的虾青素可在人体内增加有益的 HDL（高密度脂蛋白）胆固醇,降低甘油三酸酯浓度。虾青素还可以穿过人体的血脑屏障,直接给大脑与中枢神经系统带来抗氧化的益处,因而对人体的心脑血管健康有益。

Omega-3 不饱和脂肪酸的主要功效是什么?

EPA 和 DHA 等 Omega-3 不饱和脂肪酸对于保持和改善细胞健康十分重要。它们之所以被称为"多不饱和"脂肪酸,是因为含有多个氢原子"不饱和"的双键。不饱和脂肪酸根据脂肪酸链甲基端第一个双键的位置而分成不同类别,Omega-3 脂肪酸的第一个双键位于甲基端的第三个碳原子上,而 Omega-6 脂肪酸的第一个双键则位于甲基端的第六个碳原子上。近年来富含 Omega-6 脂肪酸的玉米油、葵花籽油、大豆油等植物油的摄入量大幅度增加,而富含 Omega-3 脂肪酸的海洋动物油脂摄入量严重不足,Omega-6 与 Omega-3 脂肪酸的平均摄入比例高达 (20 ~ 50) :1,导致心脏病、肥胖和糖尿病之类的疾病增加。因此,为了保持最佳的健康状态,Omega-3 和 Omega-6 脂肪酸的摄入比例应恰当,建议 Omega-3 与 Omega-6 脂肪酸的摄入比例为 (1 ~ 5) :1。

Omega-3 不饱和脂肪酸在细胞膜中至关重要,除了作为营养能量的来源之外,还在分子层面发挥作用。饮食摄入的 Omega-3 不饱和脂肪酸决定了人体细胞膜的构成和功能,融入细胞膜的 Omega-3 不饱和脂肪酸越多,流动性越高。来自磷虾油的 Omega-3 不饱和脂肪酸与磷脂相关联,可以被高效传输,并快速整合到细胞膜内。EPA 和 DHA 作为细胞膜的一部分,能够改变细胞膜的脂肪酸构成和机能,调节基因转录、变换代谢和信号转换途径 (图 3-10)。

膳食补充 Omega-3 不饱和脂肪酸可明显改善以下 6 个方面的机能 (图 3-11 和图 3-12),包括心脏疾病、中枢神经系统障碍、代谢失调、免疫机能低下、癌症及其他。

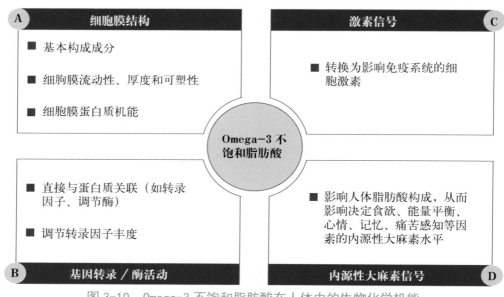

图 3-10　Omega-3 不饱和脂肪酸在人体中的生物化学机能

心脏疾病	中枢神经系统	代谢失调	免疫机能	癌症	其他
心绞痛	ADHD	糖尿病	过敏	乳腺癌	老化
心律失常	攻击性	脂肪肝	关节炎／关节疼痛	恶病质	体育
心房颤动	老年痴呆症	肥胖	哮喘	（综合）癌症	骨矿物质密度
动脉粥样硬化	双极情感障碍	减重／体重控制	背部／颈部疼痛	宫颈癌	干眼症
充血性心脏衰竭	抑郁症		慢性支气管炎	结肠癌	饮食功能失调症
高血压	读写困难		囊性纤维化变性	肺癌	老年性听力损失
高胆固醇	癫痫		炎症	前列腺癌	婴儿发育
高甘油三酸酯	亨廷顿舞蹈病		炎性肠综合征		肾脏失调
心脏梗死后	学习障碍		狼疮		低出生体重
	记忆／认知		多发性硬化		低新陈代谢
	帕金森综合征		胰腺炎		更年期综合症
	精神分裂症		牙周疾病		痛经
	中风		牛皮癣		骨质疏松症
					妊娠
					肢端动脉痉挛症
					精子生殖力
					滥用药物
					猝死
					晒伤／烧伤
					皱纹

图 3-11　膳食补充 Omega-3 不饱和脂肪酸对人体机能的影响

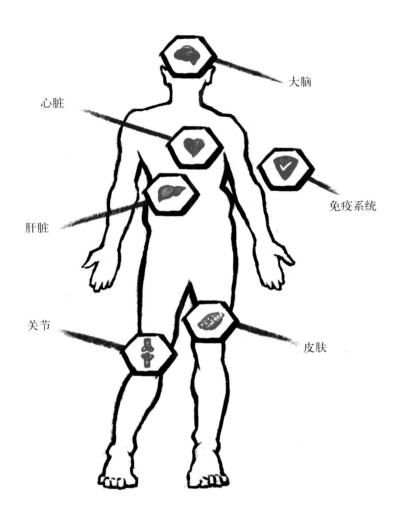

大脑

心脏

免疫系统

肝脏

关节

皮肤

图 3-12　Omega-3 不饱和脂肪酸对人体健康的益处

　　目前国内外以南极磷虾油为基础，结合共轭亚油酸、辅酶 Q10、维生素 D、益生菌等功能食品原料，定位不同人群需求的衍生功能产品开发已成为南极磷虾商业化发展的主要方向。南极磷虾油及其系列衍生产品市场产值达到数亿美元，直接驱动国际磷虾产业的快速发展。寻找适宜的功能食品原料，创新南极磷虾油衍生产品开发，提高产品国际竞争力，成为我国南极磷虾加工产业发展的重要方向。

服用南极磷虾油对人体健康有哪些益处？

磷虾油拥有众多益处，许多人将它用作 Omega-3 鱼油的替代品。磷虾油更高效，相当于更高剂量的 Omega-3 鱼油。磷虾油常用于降低细胞反应蛋白炎症，或者作为降低胆固醇和甘油三酸酯药物的替代品。南极磷虾油还在调节血脂、保护心脏、提高脑部机能、保护视力等方面具有显著效果，其中心脑血管方面是磷虾油最主要的健康应用。

（1）调节人体血脂水平

高血脂常指血液中一种或多种脂质数值异常，又以高胆固醇最常见，造成原因有遗传、抽烟、肥胖、饮食不均衡等。研究发现磷虾油有益于调节血脂状态，或许能作为高血脂患者的辅助疗法选项。那么磷虾油如何起到调节人体血脂水平的作用？一方面，磷虾油被人体小肠吸收进入血液后，由于磷虾油中磷脂是一种强乳化剂，它能够使血管壁上的胆固醇颗粒变小，并保持悬浮状态，悬浮的胆固醇颗粒就会透过血管壁被组织器官所利用，从而减少血管中的胆固醇含量；另一方面，连接在磷脂上的 EPA 是脂肪酸合成酶、甘油二酯转酰基酶和羟甲基甲基戊二酰辅酶 A 还原酶的抑制剂，可以降低人体对甘油三酯、胆固醇的合成，从而使得血管中的胆固醇、甘油三酯的含量下降，起到降低血脂的作用。

国外学者对 120 名患有高血脂的成年男性和女性（平均年龄为 51 岁，血液中胆固醇水平在 1.94 ~ 3.48mg/mL）进行了一项临床实验，使患者连续服用磷虾油或鱼油 12 周，最终结果证实了磷虾油相比鱼油具有更好的降血脂效果（表3-1）。通常情况下，坚持服用磷虾油三个月后（每天 2 ~ 3g），可以明显提高高密度脂蛋白水平，降低低密度脂蛋白水平（高密度脂蛋白越高越好，低密度脂蛋白越低越好）。

表 3-1　服用磷虾油和鱼油后血脂水平变化情况

分组	总胆固醇	低密度脂蛋白（LDL）	高密度脂蛋白（HDL）	甘油三酯
A 组 (3g 磷虾油 /d)	−18%	−39%	+59%	−28%
A 组 (2g 磷虾油 /d)	−18%	−37%	+55%	−28%
B 组 (1.5g 磷虾油 /d)	−14%	−36%	+43%	−12%
B 组 (1g 磷虾油 /d)	−13%	−32%	+44%	−11%
C 组 (3g 鱼油 /d)	−6%	−5%	+4%	−3%
D 组（安慰剂）	+9%	+13%	+4%	−10%

（2）降血压

国内外学者认为，Omega−3 不饱和脂肪酸可通过竞争性抑制环加氧酶的活性减少花生四烯酸生成前列腺素的量，从而起到舒张血管、调节血压的作用。一项研究调查了 4 508 名 18～30 岁美国成年人的高血压发病率，研究发现高血压的发展与膳食中 Omega−3 不饱和脂肪酸的摄入量呈负相关。无论对未治疗还是治疗中的高血压患者而言，每天坚持服用 Omega−3 不饱和脂肪酸可以帮助降低血压，并控制高血压的发展。

（3）降低心血管疾病的发病率

磷虾油中 Omega−3 不饱和脂肪酸通过降低血液黏稠度，抑制血小板凝聚，从而增加血液的流动性，促进血液循环，降低动脉粥样硬化和冠心病的发病率。

国外学者研究发现在膳食中补充磷虾油的小白鼠，其心脏组织中 Omega-3 不饱和脂肪酸比例大幅度提高，心室扩张可显著减少，从而降低患心脏病的风险。

在人体中，摄入 Omega-3 不饱和脂肪酸也可在心脏病发作后有所帮助，一项对 45 000 人进行的流行病学研究表明，服用磷虾油至少 3 个月后可明显提高人体红细胞的 Omega-3 指数，可将心脏猝死的风险降低 40% ~ 50%。这些研究结果使得欧洲许多国家建议心脏病患者服用 Omega-3 不饱和脂肪酸，并将其作为心脏病发作后有效的治疗方案之一（表 3-2）。

表 3-2　人体补充磷虾油 6 周、12 周后红细胞 Omega-3 指数变化情况

服用时间	安慰剂	0.5g 磷虾油	1g 磷虾油	2g 磷虾油	4g 磷虾油
第 0 周	3.54±1.05	3.55±0.9	3.56±0.82	4±0.88	3.65±0.7
第 6 周	3.44±0.88	3.83±0.75	4±0.75	4.76±0.86	5.54±0.87
第 12 周	3.43±0.77	3.97±0.8	4.19±0.79	5.17±0.96	6.3±0.99

红细胞 Omega-3 指数

红细胞 Omega-3 指数是指红细胞中 EPA 和 DHA 之和占脂肪酸总量的百分比。例如，红细胞膜组织上共有 64 个脂肪酸，其中 3 个脂肪酸为 EPA 和 DHA，则 Omega-3 指数为（3/64）4.6%。红细胞 Omega-3 指数是反映人类健康状况的新型生物标记参数，尤其可作为心血管问题的风险指标，因为红细胞 Omega-3 指数与心脏中 Omega-3 脂肪酸含量密切相关。

红细胞 Omega-3 指数的目标范围为 8% ~ 12%，若 Omega-3 指数较低，会增加患心脏疾病的风险，而摄食磷虾油则可提高 Omega-3 指数，从而降低心血管疾病风险。

红细胞 Omega-3 指数的目标范围为 8% ~ 12%

（4）减少Ⅱ型糖尿病并发症

Ⅱ型糖尿病容易加速动脉粥样硬化，增加患心脏疾病和心肌梗塞的风险。据统计，85% 的Ⅱ型糖尿病患者死于心脏疾病。已有多项证据表明，磷虾油可以预防并改善心脏类疾病；减缓因糖尿病引起的视力衰退；修复血管的内皮细胞损伤；减少所需外源胰岛素的剂量；提高患者血液中高密度脂蛋白水平，是一种对糖尿病病人非常有效的膳食营养补充剂（表 3-3）。

表 3-3　糖尿病患者连续四周补充磷虾油与橄榄油的数据对比

指　　标	磷虾油	橄榄油	P
C 肽（ng/mL）	0.822±0.39	0.933±0.47	0.029
稳态胰岛素评价指数	2.30±0.91	2.64±1.23	0.019

注：$P < 0.05$ 代表有显著性差别。

何为 C 肽和稳态胰岛素评价指数?

　　C 肽是胰岛素的一种成分，C 肽值可以反映血液中胰岛素水平的高低。正常人空腹时 C 肽的参考值范围是 0.8 ~ 4.2ng/mL。糖尿病患者的 C 肽指标可反映机体胰岛 β 细胞的分泌功能，对糖尿病患者的分型和低血糖症的鉴别有指导意义。

　　稳态胰岛素评价指数，又称稳态模型评估的胰岛素抵抗指数 (HOMA-IR)，稳态模型的胰岛素抵抗指数 (HOMA-IR)= 空腹胰岛素浓度 (mU/L) 乘以空腹葡萄糖浓度 (mmol/L) 再除以 22.5。健康人的胰岛素抵抗指数应该小于 2.69，超过 2.68 视为抵抗严重。

（5）提高脑部机能和预防老年痴呆

　　磷虾油中虾青素可穿过血脑屏障，减少自由基生成，保护神经元，提高人体脑部血管中载氧红色素浓度，从而促进脑部活动，增强注意力和记忆力，预防老年痴呆等。有学者曾对 45 名健康男性（60 ～ 70 岁）进行了一项脑部机能的临床实验，结果证实了老年人补充磷虾油后，大脑中 DHA 水平显著上升，而补充沙丁鱼油组并未发现大脑中 DHA 水平大幅度上升，这是因为和甘油三酸酯关联的 Omega-3 不饱和脂肪酸相比，与磷脂关联的 Omega-3 不饱和脂肪酸更具生物可用性，它们更容易穿过血脑屏障（图 3-13）。

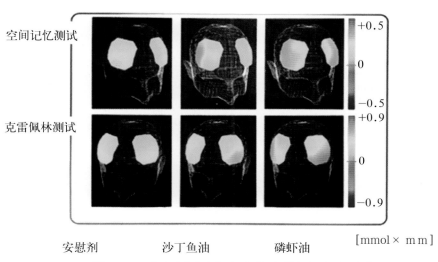

图 3-13　各组测试者脑部血管中载氧红色素浓度

（资料来源发明专利：《脑功能改善剂》专利号：CN201280026680.3）

（6）缓解或抑制关节炎症

在动物实验研究中发现，磷虾油可以显著降低软骨糜烂和防止滑膜增厚，预防和抑制骨关节炎、类风湿性关节炎的发展，在临床上磷虾油对关节炎损伤的缓解率达到 50%。在人体实验研究中，选择了 90 名患有类风湿关节炎（或骨关节炎）的受试者，每天服用 2g 磷虾油，共服用 30d。服用磷虾油 7d 后，受试者体内的促炎性细胞因子 CRP 减少了 19.3%，与安慰剂组相比，利用磷虾油治疗后可以有效缓解关节炎的炎症反应，例如疼痛感、僵硬感及功能障碍等（表 3-4）。

表 3-4　服用磷虾油后关节炎症状的临床效果

服用时间	临床效果			
	促炎因子 CRP	疼痛感	僵硬感	功能
7d	19.3% ↓	28.9% ↓	20.3% ↓	22.8% ↓

（7）提高生殖机能

国内学者对年轻雄性小鼠（3 月龄）和老年雄性小鼠（10 月龄）连续经口灌喂磷虾油 5 周后，记录雌雄小鼠合笼后的交配情况及观察雄性小鼠的生殖组织及精子状态。结果发现雄性小鼠的骑跨潜伏时间与交配潜伏时间均比对照组小鼠有显著性下降，表明磷虾油可以改善和提高因高龄引起的小鼠生殖行为退化，并能有效地维持精子机能（图 3—14）。

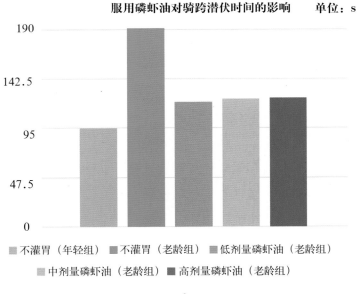

服用磷虾油对骑跨潜伏时间的影响　单位：s

- ■ 不灌胃（年轻组）　■ 不灌胃（老龄组）　■ 低剂量磷虾油（老龄组）
- ■ 中剂量磷虾油（老龄组）　■ 高剂量磷虾油（老龄组）

A

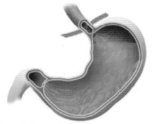

鱼油漂浮在胃液表面，造成打嗝时带有鱼腥味

磷虾油可立即与胃中的水分混合，不会造成鱼腥味

图 3-17　鱼油和磷虾油在胃中的表现

（5）磷虾油的生物有效性比鱼油更高

众多科学研究表明，磷虾油中 EPA、DHA 含量比鱼油稍低，但其生物活性更高，因为与甘油三酸酯型 Omega-3 不饱和脂肪酸相比，磷脂型 Omega-3 不饱和脂肪酸可被组织更高效地吸收利用，如图 3-19 所示，服用磷虾油组的受试者在连续服用 4 周后血浆中 Omega-3 不饱和脂肪酸含量要比服用鱼油的受试者高出 24%，连续服用 7 周后比服用鱼油的受试者高出 45%。另外，磷虾油中含有鱼油没有的强抗氧化剂——虾青素，因此，磷虾油的生物有效性和抗氧化能力优于鱼油（图 3-18）。

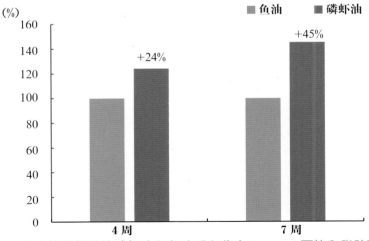

图 3-18　补充相同剂量的磷虾油和鱼油后血浆中 Omega-3 不饱和脂肪酸水平

（6）磷虾油的可持续发展潜力更大

南极磷虾的资源蕴藏量巨大，比鱼类资源更丰富，因此，南极磷虾具有更大的资源可持续性发展潜力。

如何挑选南极磷虾油产品？

目前，市场上南极磷虾油产品品牌繁多，质量参差不齐，价位差异也极大，其中某些产品是利用磷虾油与色拉油、橄榄油、鱼油等其他油脂勾兑出来的，定价较低，谎称是100%纯磷虾油，欺骗消费者。这些劣质产品，没有磷虾油"清养血管"的功效，反而会因食用过多油脂诱发血脂升高，危害消费者健康。

那么，到底如何选购南极磷虾油产品呢？首选大品牌并在正规渠道进行购买，然后按照以下四步进行鉴别。

（1）看磷虾油的颜色

好的磷虾油呈自然的红色，晶莹剔透。颜色为橙黄色或浅红色的磷虾油极有可能是磷虾油与其他油脂或用虾青素与其他油脂勾兑出来的；还有些劣质磷虾油色泽发黑发暗，说明极有可能添加了人工合成的其他色素（图3-19）。

图3-19 磷虾油

（2）看有效成分含量

读懂产品标签中标注的 Omega-3、磷脂和虾青素等各成分的含量，部分磷虾油厂家只使用 30% ~ 50% 的磷虾油，再填充其他物质，冒充纯磷虾油，所以大家在挑选时一定要擦亮眼睛，关注产品的有效成分含量。

（3）看磷虾油的性状

品质高的磷虾油为黏稠状液体，油质饱满，而劣质磷虾油往往有明显杂质，甚至看不出磷虾油成分，会快速在纸上渗透开来或迅速流走（图 3-20）。磷虾油中磷脂含量越高，磷虾油的流动性就会越差；反之，磷虾油中磷脂含量越低，流动性就会越好。所以流动性的好坏不能代表磷虾油品质的好坏。

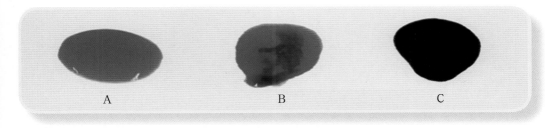

图 3-20　磷虾油性状对比

A. 纯净的磷虾油　B. 掺假的磷虾油　C. 劣质磷虾油

（4）闻磷虾油的气味

优质南极磷虾油闻起来有磷虾的鲜香味，而劣质南极磷虾油添加了低成本的合成虾青素及鱼油等，往往伴有明显的腥臭味，或者没有明显的鲜香味。

（4）南极磷虾粉应用于降低饲料配方成本

南极磷虾粉作为配方中的原料成分，可以减少水产养殖中对鱼粉的依赖性，提高饲料利用率和饲料可持续性。养殖对比实验发现，分别添加2%南极磷虾粉和20%鱼粉喂养太平洋白虾8周，结果显示两组虾品质效果相同；添加4%南极磷虾粉能够改善太平洋白虾重量并降低配方成本，而添加6%南极磷虾粉可明显提高产量且成本同样低于未添加组（图4-10）。在实际应用中，推荐将南极磷虾粉加入饲料中的比例保持在3%～5%之间（例如，在苗料中为50kg/t，在育成料中为30kg/t），即可在降低饲料成本的同时，提高饲料利用率。

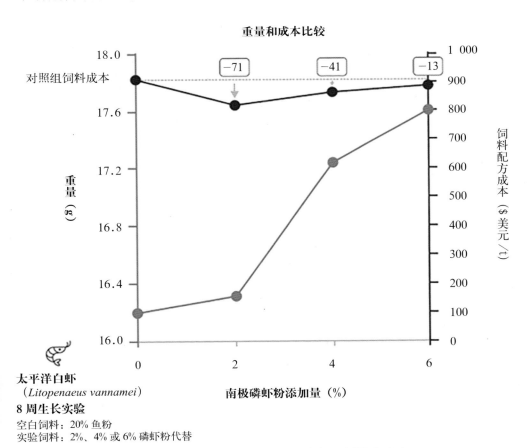

图 4-10 南极磷虾粉应用于降低饲料配方成本

南极磷虾粉在宠物食品领域的应用现状如何?

南极磷虾粉应用于宠物食品领域,能够为宠物提供长链 Omega-3 不饱和脂肪酸、优质蛋白、胆碱以及虾青素等营养物质,有效改善动物皮肤和皮毛状态,增进心血管、肝脏、肾脏、骨关节等器官健康(图 4-11)。目前南极磷虾粉在改善宠物的 Omege-3 指数,降低竞技比赛犬类的炎症和肌肉损伤风险等方面已展现良好的应用效果。

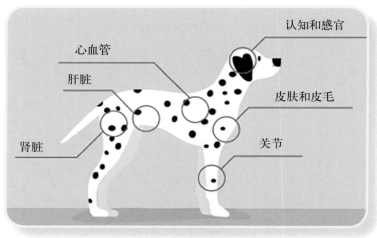

图 4-11 南极磷虾粉作为宠物饲料的益处

(1) 南极磷虾粉应用于改善宠物 Omega-3 指数

科学家对 30 只哈士奇进行 52d 饲喂实验研究,其中 16 只犬的饮食中含有 8% 南极磷虾粉(QRILL Pet,南极磷虾粉宠物系列产品),Omega-3 指数较其余 14 只明显增长了 41%。另外,对 32 只哈士奇进行 5 周喂食,在 1 600km 比赛前后,饮食中含有 8% 南极磷虾粉的 16 只犬拥有更好的 Omega-3 指数(比赛前 6.2% vs. 5.2%,比赛后 6.3% vs. 5.3%)(图 4-12)。

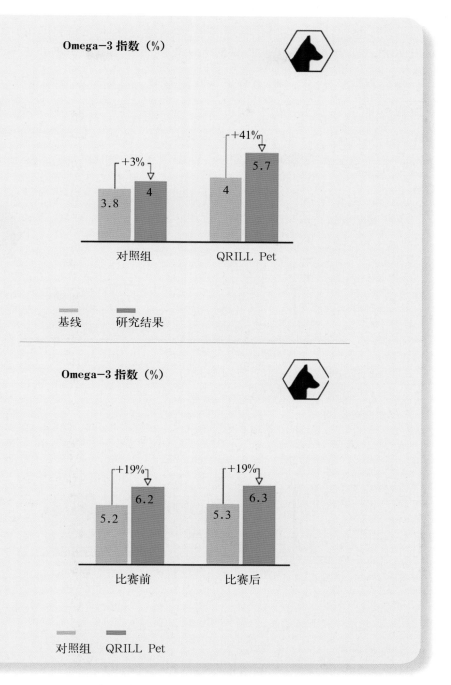

Omega-3 指数（%）

+3%

3.8　4

+41%

4　5.7

对照组　　　　　QRILL Pet

基线　　研究结果

Omega-3 指数（%）

+19%

5.2　6.2

+19%

5.3　6.3

比赛前　　　　　比赛后

对照组　QRILL Pet

图 4-12　南极磷虾粉应用于改善宠物 Omega-3 指数

（2）南极磷虾粉应用于降低竞技比赛犬类的炎症和肌肉损伤风险

研究发现，对 32 只哈士奇进行 5 周喂食，其中，饮食中含有 8% 南极磷虾粉的 16 只犬，在 1 600km 的比赛后，炎症率降低了 55%，肌酸激酶（身体组织损伤的标志物）明显较普通摄食的犬低。表明南极磷虾粉能够通过调整 Omaga-6 与 Omega-3 脂肪酸平衡比，从而改善宠物机体的炎症水平和损伤。

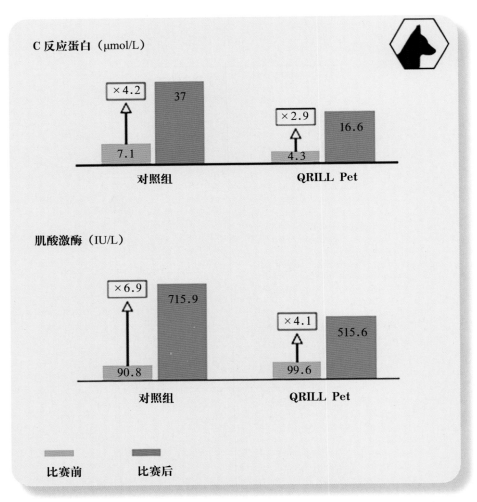

图 4-13　南极磷虾粉应用于降低竞技比赛犬类的炎症和肌肉损伤风险

科普小知识

何为"Omega-6/Omega-3脂肪酸平衡比"?

Omega-3脂肪酸具有抗炎特性,对于平衡含有高Omega-6脂肪酸的宠物饮食来说十分重要。目前许多宠物食品中均含有过量Omega-6脂肪酸。现有研究表明,当Omega-6与Omega-3脂肪酸的平衡比小于等于5:1时,对宠物最有利。典型的犬饮食中,Omega-6脂肪酸较高,易引发炎症,并可能使皮肤疾病、关节炎和肾脏问题等相关病症恶化。正确的脂肪酸平衡对于保持宠物良好的健康状态至关重要。

宠物饲料南极磷虾粉的营养价值

第三节　南极磷虾粉与鱼粉的异同点

 南极磷虾粉与鱼粉的相同之处是什么？

南极磷虾粉和鱼粉都是重要的水产动物制品，是优质的饲料原料。鱼粉是以低值全鱼或全鱼加工之后的废弃物经过生产加工获得的，通常含有 60% ～ 70% 的蛋白质、5% ～ 12% 的脂肪和 10% ～ 20% 的灰分。南极磷虾粉是以南极磷虾为原料经过生产加工获得的，通常含有 50% 的蛋白质、10% ～ 20% 的脂肪和 7% ～ 14% 的灰分。

南极磷虾粉和鱼粉都具有富含必需氨基酸和多不饱和脂肪酸、适口性好、抗营养因子少等特性，在饲料行业应用对养殖动物都能够起到促进生长、改善品质、提高繁殖性能、提高抗逆性等作用。

图 4-14　南极磷虾及南极磷虾粉（左）、鱼及鱼粉（右）

 南极磷虾粉与鱼粉有什么区别？

（1）生产原料不同

鱼粉是以低值全鱼或全鱼加工之后的废弃物为原料，经蒸煮、压榨、烘干、粉碎等工序制成的。南极磷虾粉是以南极磷虾为原料，经蒸煮、离心或压榨、烘干等工序制成的。

（2）营养特征不同

在鱼粉加工过程中，油脂组分在蒸煮、压榨环节被单独分离出来，生产为粗鱼油产品，因此鱼粉中的油脂含量相对较低；而南极磷虾粉则保留了全营养组分，油脂含量较高，且富含 EPA 和 DHA 等 Omega-3 系列多不饱和脂肪酸和虾青素等脂质成分。

（3）应用领域不同

南极磷虾粉与鱼粉都可以应用于水产养殖动物饲料中，但南极磷虾粉还是陆基加工生产南极磷虾油的重要原料。根据应用领域不同，南极磷虾粉的质量需要符合食品或饲料领域相关的国家标准和行业标准的要求。

 南极磷虾粉与鱼粉营养组成的异同点有哪些？

（1）氨基酸组成

南极磷虾粉的氨基酸组成与鱼粉相似，氨基酸种类齐全，包括鱼类生长所需的 10 种必需氨基酸（EAA）和 8 种非必需氨基酸（NEAA）。其中，南极磷虾粉必需氨基酸总量与氨基酸总量比值（ΣEAA/ΣAA）平均在 0.49，必需氨基酸总量与非必需氨基酸总量比值（ΣEAA/ΣNEAA）平均在 0.95，联合国粮食及农业组织（FAO）和世界卫生组织（WHO）对优质蛋白质的判定标准是必需氨基酸总量与氨基酸总量比值（ΣEAA/ΣAA）为 0.4 左右，必需氨基酸总量与非必需氨基酸总量比值（ΣEAA／ΣNEAA）在 0.6 以上。由此判定，南极磷虾粉属于一种优质蛋白质原料。

南极磷虾粉的氨基酸中含量最高的为谷氨酸，天冬氨酸、甘氨酸、丙氨酸等呈味氨基酸的含量也非常丰富。南极磷虾粉中呈味氨基酸总量与氨基酸总量的比值（ΣDAA／ΣAA）为 0.37。天冬氨酸和谷氨酸是鲜味的特征性氨基酸，甘氨酸和丙氨酸是甘味的特征性氨基酸，丝氨酸和脯氨酸也与甘味有关。此外，南极磷虾粉还含有 0.61%～1.56% 的牛磺酸。牛磺酸不仅能够刺激鱼类摄食、提高鱼类的生长率，还可预防由植物蛋白引起的营养性疾病（表 4-1）。

表 4-1　南极磷虾全虾、肌肉，南极磷虾粉，白鱼粉的氨基酸组成
　　　　（蛋白干重，g/kg）

氨基酸	全虾	肌肉	南极磷虾粉	白鱼粉
异亮氨酸 Ile	25.40	45.43	46.26	43.87
亮氨酸 Leu	39.90	75.69	69.04	70.32
赖氨酸 Lys	43.70	80.52	69.99	73.06
蛋氨酸 Met	15.50	29.74	19.77	27.10
苯丙氨酸 Phe	22.10	46.49	41.12	36.77
苏氨酸 Thr	21.50	27.18	39.13	41.45
色氨酸 Trp	7.30	—	6.31	10.81
缬氨酸 Val	26.00	43.96	45.78	48.71
组氨酸 His	11.40	15.54	22.30	21.61
精氨酸 Arg	37.80	49.31	57.15	64.84
半胱氨酸 Cys	8.50	11.14	18.59	—
酪氨酸 Tyr	27.90	24.83	38.64	—
丙氨酸 Ala	29.40	65.48	51.75	—
天冬酰胺 Asn	53.40	67.61	94.14	—
谷氨酸 Glu	66.90	141.78	124.43	

第五章

南极磷虾的质量安全
与标准

第一节　南极磷虾产品的国内外相关标准

与南极磷虾相关的国内标准有哪些？

（1）作为新食品原料的南极磷虾油标准

　　磷虾油在美国、欧盟、加拿大和日本等，具有相当规模的消费市场，被广泛应用于健康食品、特定保健用食品和化妆品中。直到 2013 年，中国国家卫生和计划生育委员会（2013 年第 16 号文）批准磷虾油为我国的新食品原料，也就是说从 2013 年 12 月 24 日起南极磷虾油在中国可作为普通食品及原料销售，自此南极磷虾油打开了中国市场的大门。《新食品原料　磷虾油》的主要技术指标如表 5-1。

表 5-1　《新食品原料　磷虾油》主要技术指标

名　称	磷虾油	
基本信息	来源：磷虾科磷虾属南极磷虾（*Euphausia superba* Dana）	
生产工艺简述	以磷虾为原料，经水洗、破碎、提取、浓缩、过滤等步骤制得。	
食用量	≤ 3g/d	
质量要求	性状	暗红色或红褐色透明油状液体
	总磷脂（g/100g）	≥ 38
	DHA（g/100g）	≥ 3
	EPA（g/100g）	≥ 6
其他需要说明的情况	1. 婴幼儿、孕妇、哺乳期妇女及海鲜过敏者不宜食用，标签、说明书中应当标注不适宜人群。 2. 卫生安全指标应当符合我国相关标准。	

（2）南极磷虾油产品标准

我国在 2009—2010 渔季首次对南极磷虾资源进行了探捕性开发，自此开启了中国对于南极磷虾产品的研发和产业化发展，中国的南极磷虾产业虽然起步晚，但是起点高，在借鉴世界各国先进经验的基础上，南极磷虾油的产业逐渐发展起来。为了促进磷虾油产业健康发展，促进生产技术升级，提高产品质量和管理水平，我国科研人员联合生产企业借鉴国际上相关标准规定，对磷虾油产品质量评价指标和检测方法等相关内容进行深入研究。2020 年农业农村部发布了《磷虾油》（SC/T 3506—2020）产品标准，适用于以南极磷虾为原料，经提取、过滤、浓缩、精制等加工而成的磷虾油产品，这是目前国内评定南极磷虾油产品质量的唯一标准，填补了国内磷虾油市场产品标准的空白（表 5-2）。《磷虾油》（SC/T 3506—2020）产品标准的发布对保护消费者合法利益、培育规模化生产企业、规范产品市场和促进南极磷虾产业健康可持续发展等具有重要意义，也为行业监管和行政执法提供重要的技术依据。

《磷虾油》（SC/T 3506—2020）标准中规定了磷虾油质量评价参数以及分级要求，从色泽、组织与形态、气味和滋味等角度规定感官要求，以磷虾油中总磷脂、二十二碳六烯酸（DHA）、二十碳五烯酸（EPA）、虾青素等功能性成分划分不同等级，另外还规定了酸价、过氧化值、不皂化物、碘值等质量参数。总之，该标准全方位规范了磷虾油产品等级划分的具体要求，适用于磷虾油产品品质及安全性的全面评价。

表 5-2　《磷虾油》（SC/T 3506—2020）标准主要技术指标

项　目	要求	
	优级品	合格品
色泽	暗红色或红褐色	
组织与形态	半透明油状液体	
气味、滋味	具有磷虾油特有的气味和滋味，无异味	
杂质	无正常视力可见杂质	
总磷脂（g/100g）	≥ 45	≥ 38
二十碳五烯酸（EPA）（g/100g）	≥ 12	≥ 6
二十二碳六烯酸（DHA）（g/100g）	≥ 6	≥ 3
虾青素（mg/kg）	≥ 30	
酸价（mg KOH/g）	≤ 15	≤ 25
过氧化值（g/100g）	≤ 0.06	
水分及挥发物（%）	≤ 3	
不皂化物（%）	≤ 4	
碘值（g/100g）	≥ 120	
污染物限量	应符合 GB 2762《食品安全国家标准　食品中污染物限量》的规定	
微生物指标	应符合 GB 29921《食品安全国家标准　预包装食品中致病菌限量》的规定	

（3）南极磷虾粉产品标准
|||||||||||||||||||||||||||||||||||||||||||||

南极磷虾粉加工主要是在捕捞加工船上进行的，南极磷虾粉是生产磷虾油

的主要原料。为生产优质的南极磷虾油，需要优质的南极磷虾粉原料。我国科研人员联合生产企业针对南极磷虾粉的品质评价进行了探讨和研究，研制了南极磷虾粉产品标准，适用于以新鲜或冷冻的南极磷虾为原料，经蒸煮、离心或压榨、干燥等工序制成的南极磷虾粉。《南极磷虾粉》标准中从产品色泽、组织与形态、气味和滋味等角度规定感官要求，并以磷虾粉中蛋白质、脂肪、水分、灰分、氯化物、挥发性盐基氮、酸价等质量参数来规范产品质量，提出了检验规则及实验方法。该标准有利于我国南极磷虾粉产品的质量评价，有利于更好地规范南极磷虾粉的生产、销售、流通和相关贸易活动，从而支撑南极磷虾产业健康可持续发展。

（4）南极磷虾功能成分检测方法标准

国内学者研制了水产行业标准《水产品及其制品中虾青素含量的测定　高效液相色谱法》（SC/T 3053—2019），建立了南极磷虾虾青素总量测定的精准定量方法。在此研究基础上，开展了不同方法间的产品验证、室间数据分析、与国际同类标准水平的对比、与测试的国外样品的有关数据对比情况等相关研究。SC/T 3053—2019 检测方法标准的发布为南极磷虾及其制品中虾青素的检测提供了准确、统一的测定方法，有助于南极磷虾及其制品中虾青素的检测分析和品质评价，有利于国家对南极磷虾油等新资源食品的监督管理。

国内学者还创建了南极磷虾油中磷脂酰胆碱（PC）、磷脂酰乙醇胺（PE）、磷脂酰肌醇（PI）、鞘磷脂（SM）、溶血磷脂酰胆碱（LPC）等 5 种磷脂组分的精准高效定量检测方法——高效液相色谱-蒸发光散射检测技术，实现了磷虾油中特有磷脂成分的有效分离和检测，研制了用于测定水产品及其制品中 5 种磷脂的高效液相色谱－蒸发光散射法，这将为南极磷虾油中磷脂的开发利用及磷虾油产品评价提供方法学支撑和技术参考。

与南极磷虾相关的国际、国外标准、法规有哪些？

国际食品法典委员会（Codex Alimentarius Commission，CAC）在 2017 年发布了《鱼油》（CODEX STAN 329—2017）标准（表 5-3），其中 2.1.3 条款对磷虾油进行了说明，即"磷虾油是从南极磷虾中提取的，以甘油三酯和磷脂为主要成分"。该国际标准对磷虾油的基本化学组成和质量进行了规定。

表 5-3　CODEX STAN 329—2017 中磷虾油的质量指标

项　目	指标
磷脂（%）	≥ 30
酸价（mg KOH/g）	≤ 45
过氧化值（meq/kg）	≤ 5
EPA/脂肪酸总量（%）	14.3% ~ 28.0%
DHA/脂肪酸总量（%）	7.1% ~ 15.7%
无机砷（mg/kg）	≤ 0.1
铅（mg/kg）	≤ 0.1

欧盟法规（EU）2017/2470新食品原料目录中规定了磷虾油作为新资源食品的理化和安全指标，相较于《磷虾油》（SC/T 3506—2020）和《鱼油》（CODEX STAN 329—2017），欧盟标准的规定更为严格（表5-4）。

表5-4 欧盟对磷虾油的理化指标要求

项　目	指标
磷脂（%）	普通产品35～50；高磷脂产品≥60
EPA（%）	≥9
DHA（%）	≥5
反式脂肪酸（%）	≤1
过氧化值（meq/kg）	≤3
水分及挥发物（%）	≤3
镉（mg/kg）	≤0.5
铅（mg/kg）	≤0.1
汞（mg/kg）	≤0.5
多氯联苯和二噁英（pg/g）	二噁英总和≤1.75 二噁英和类PCBs二噁英总和≤6.0 多氯联苯PCBs总和≤0.2

美国药典USP—FCC8（2013年实施）、USP 37—NF32（2014年5月实施）、USP 41—NF36（2018年5月实施）和USP—NF43（4）（2018年12月实施）分别对磷虾油及其胶囊产品的理化指标和安全指标进行明确规定（表5-5）。

表 5-5　美国药典 USP—NF 对磷虾油的理化指标要求

项　目	指标
磷脂（%）	总磷脂为 30%～59%，其中 1－溶血型和 2－溶血型 PC 之和占 60%～96%
虾青素（mg/kg）	≥ 50
EPA（%）	≥ 10
DHA（%）	≥ 5
过氧化值（meqO$_2$/kg）	≤ 5
无机砷（mg/kg）	≤ 0.1
铅（mg/kg）	≤ 0.1
多氯联苯和二噁英（pg/g）	多氯代二噁英（PCDDs）+ 多氯二苯并呋（PCDFs）≤ 2.0， PCDDs+PCDFs+ 类多氯联苯（PCBs）≤ 3.0

　　挪威阿克海洋生物有限公司（Aker BioMarine）是一家致力于可持续磷虾捕捞和磷虾衍生产品的研发和生产的生物技术公司，也是目前国际上南极捕捞、磷虾油产量最大的生产企业。表 5-6 是该公司制定的磷虾油产品企业标准，其中规定的质量评定指标高达 20 项，其规定的质量控制参数与常规的指标不同，对于质量管理的把控非常严格（表 5-6）。

　　国内外关于南极磷虾油的产品标准分别对南极磷虾油的水分及挥发物、磷脂、虾青素、EPA、DHA、酸价、过氧化值、不皂化物等理化指标以及镉、无机砷、铅、汞、多氯联苯和二噁英等污染物进行明确规定。与国内《磷虾油》（SC/T 3506—2020）和《新食品原料　磷虾油》具体指标对比情况见表 5-7。

表 5-6　阿克海洋生物有限公司磷虾油产品企业标准

项目	指标
外观	暗红色黏稠油状液体
粘度（mPa·s）	≤ 800
盐含量（g/100g）	≤ 0.2
总磷脂含量（g/100g）	≥ 40
磷脂酰（g/100g）	≥ 30
胆碱（g/100g）	≥ 5
Omega-3 脂肪酸总量（g/100g）	≥ 22.0
EPA（g/100g）	≥ 12.0
DHA（g/100g）	≥ 5.5
Omega-6 脂肪酸总量（g/100g）	≤ 3
过氧化值（meq/kg）	≤ 2
虾青素（μg/g）	≥ 100
水分（g/100g）	≤ 2
水分活度（25℃）	≤ 0.5
乙醇含量（g/100g）	≤ 2
细菌总数（cfu/g）	≤ 1000
霉菌和酵母菌（cfu/g）	≤ 100
大肠菌群（cfu/g）	≤ 10
E.Coli 大肠杆菌	不得检出
沙门氏菌	不得检出

表 5-7 国内外标准法规对南

国别	标准名称	国内外南极磷虾油					
		磷脂 g/100g	虾青素 mg/kg	EPA g/100g	DHA g/100g	酸价 (KOH) mg/g	过氧化值 g/100g
中国	《磷虾油》(SC/T 3506—2020)	优级品≥45，合格品≥38	≥30	优级品≥12，合格品≥6	优级品≥6，合格品≥3	优级品≤15，合格品≤25	≤0.06
	新食品原料 磷虾油	≥38	/	≥6	≥3	/	/
CAC	CODEX STAN 329—2017	≥30	/	/	/	≤45	≤5meqO₂/kg
美国	药典 USP—FCC8(2013 年实施)	总磷脂为28%~52%，其中 PC 占60%~90%	≥100	≥10	≥5		≤5meqO₂/kg
	药典 USP37—NF32 (2014.12实施)	总磷脂为28%~52%，其中 PC 占60%~96%	≥100	≥10	≥5	170~190	≤5meqO₂/kg
	药典 USP41—NF36(2018.5实施)	总磷脂为30%~59%，其中 1－溶血型 PC 和 2－溶血型 PC 占60%~96%	≥100	≥10	≥5	/	≤5meqO₂/kg
	药典 USP43(4) (2018.12实施)	总磷脂为30%~59%，其中 1－溶血型 PC 和 2－溶血型 PC 占60%~96%	≥50	≥10	≥5	/	≤5meqO₂/kg
澳新	参照美国药典规定	总磷脂为30%~59%，其中 1－溶血型 PC 和 2－溶血型 PC 占60%~96%	≥50	≥10	≥5		≤5meqO₂/kg
欧盟	新食品原料目录 [(EU) 2017/2470]	总磷脂为35%~50%，高磷脂磷虾油：磷脂≥60%	/	≥9	≥5	/	≤3meqO₂/kg
挪威	参照 USP FCC8 附录 Ⅶ (2013)	总磷脂≥40%，PC≥30%，胆碱≥5%	≥100	≥12	≥5.5		≤5meqO₂/kg

极磷虾油质量安全指标的规定

产品标准规定的指标							
水分及挥发物 %	碘值 g/100g	不皂化物 %	镉 mg/kg	无机砷 mg/kg	铅 mg/kg	汞 mg/kg	多氯联苯和二噁英 pg/g
≤ 3	≥ 120	≤ 4	符合 GB 2742 中甲壳类及其制品的规定				
/	/	/	卫生安全指标应当符合我国相关标准				
/	/	/	/	≤ 0.1	≤ 0.1	/	/
/	/	/	≤ 0.1	≤ 0.1	≤ 0.1	≤ 0.1	/
/	/	≤ 1.5	/	≤ 0.1	≤ 0.1	≤ 0.1	PCDDs+PCDFs ≤ 2.0, PCDDs+PCDFs+ 类 PCBs ≤ 3.0
/	/	/	/	≤ 0.1	≤ 0.1	/	PCDDs+PCDFs ≤ 2.0, PCDDs+PCDFs+ 类 PCBs ≤ 3.0
/	/	/	/	≤ 0.1	≤ 0.1	/	PCDDs+PCDFs ≤ 2.0, PCDDs+PCDFs+ 类 PCBs ≤ 3.0
/	/	/	/	≤ 0.1	≤ 0.1	/	PCDDs+PCDFs ≤ 2.0, PCDDs+PCDFs+ 类 PCBs ≤ 3.0
≤ 3	/	/	≤ 0.5	/	≤ 0.1	≤ 0.5	二噁英总和 ≤ 1.75, 二噁英和类 PCBs 二噁英总和 ≤ 6.0, PCBs 总和 ≤ 0.2
≤ 2	/	/	/	/	/	/	/

南极磷虾油质量评定的关键指标有哪些？

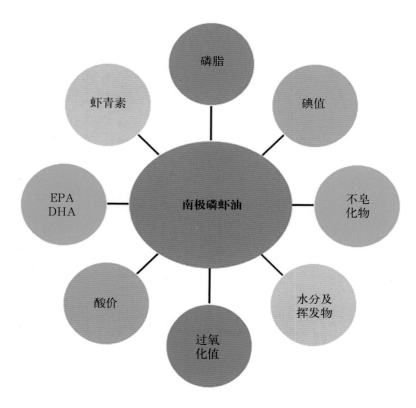

图 5-1　南极磷虾油质量鉴别的关键指标

（1）磷脂

磷脂是评价南极磷虾油品质优劣的关键技术指标。《鱼油》（CODEX STAN 329—2017）规定磷虾油中磷脂含量应大于等于 30%。美国药典 USP—NF 规定磷虾油中总磷脂含量为 30% ~ 59%，其中磷脂酰胆碱（PC）、1- 溶血磷脂酰胆碱和 2- 溶血磷脂酰胆碱之和占总磷脂的 60% ~ 96%。欧盟法规（EU）

2017/2470 新食品原料目录规定了磷虾油的磷脂含量应为 35% ~ 50%；高磷脂产品的磷脂含量应大于等于 60%。《新食品原料 磷虾油》规定了磷虾油中总磷脂含量应大于等于 38%，这是对我国南极磷虾油产品入市的最低门槛要求。《磷虾油》（SC/T 3506—2020）规定总磷脂含量为优级品应大于等于 45g/100g、合格品应大于等于 38g/100g。之所以划分合格品和优级品，正是为了促进产业技术升级，提高产品质量水平，满足客户对产品质量的细则要求，适应市场新态势，确保优质优价。

（2）虾青素
||||||||||||||||||||||||||||||

虾青素含量与总磷脂含量之间基本呈负相关，可能与磷虾油的加工工艺有关，高磷脂型磷虾油的虾青素含量较低，而低磷脂型磷虾油的虾青素含量相对较高。

《鱼油》（CODEX STAN 329—2017）和欧盟法规（EU）2017/2470 均未规定磷虾油中虾青素的含量。美国药典 USP—NF43(4) 规定磷虾油中虾青素含量应大于等于 50mg/kg（检测方法采用分光光度法）。为科学准确地评判磷虾油中虾青素含量，《磷虾油》（SC/T 3506—2020）规定采用高效液相色谱法检测的磷虾油中虾青素含量应大于等于 30mg/kg。

（3）二十碳五烯酸（EPA）和二十二碳六烯酸（DHA）
||||||||||||||||||||||||||||||||||||||||||||||||||||||||

南极磷虾油是人体补充 EPA 和 DHA 的有效来源。《鱼油》（CODEX STAN 329—2017）产品标准未明确规定磷虾油中 EPA、DHA 含量要求，仅规定了 EPA、DHA 占脂肪酸总量的比例。美国药典规定磷虾油中 EPA 含量应大于等于 10g/100g、DHA 含量应大于等于 5g/100g。我国规定磷虾油作为新食品原料，EPA 含量应大于等于 6g/100g、DHA 含量应大于等于 3g/100g。《磷虾油》（SC/T 3506—2020）参照新食品原料的相关要求，规定磷虾油中 EPA 含量为优级品应大于等于 12g/100g，合格品应大于等于 6g/100g。

（4）酸价

酸价是反映油脂中游离脂肪酸含量的质量指标，油脂发生酸败后，首先释放出游离脂肪酸，脂肪酸经氧化反应生成某些具有危害性的醛或酮。酸价在一定程度上可以反映油脂酸败的程度。

《鱼油》（CODEX STAN 329—2017）产品标准中规定磷虾油的酸价应小于等于 45mg KOH/g，美国药典未规定磷虾油的酸价指标。EFSA 杂志 2009 年"Safety of Lipid Extract from Euphausia Superba as a Novel Food Ingredient"（关于磷虾脂质提取物作为一种新型食品成分的安全性的科学观点）中提到"食用油通常具有低含量的游离脂肪酸，并以酸值表示（典型规格鱼油：0～5mg KOH/g）。而由于磷虾油的游离脂肪酸的固有含量很高，故磷虾油的酸值高得多（25.7～32.4mg KOH/g）。因此，酸价不太适合作为评判磷虾油的稳定性指标"。据生产企业反映，通过改进磷虾油生产工艺，可适当降低酸价，且不影响其他质量指标。天然虾青素具有抗氧化活性，因此，磷虾油产品不易氧化酸败。《磷虾油》（SC/T 3506—2020）参照国际食品法典委员会标准，并结合检测数据，规定优级品的酸价含量应小于等于 15mg KOH/g、合格品应小于等于 25mg KOH/g。

（5）过氧化值

过氧化值升高是油脂酸败的早期指标。当过氧化值超出 20mmol/kg 时，即表示油脂已不新鲜。当油脂酸败到一定程度时过氧化物会形成醛和酮，此后过氧化值又会降低（酸价升高）。WHO 推荐过氧化值不应超过 10mmol/kg，否则食用后会发生头痛、头晕、腹痛、腹泻、呕吐等中毒症状。

《鱼油》（CODEX STAN 329—2017）产品标准和美国药典均规定磷虾油的过氧化值应小于等于 5meq/kg 油脂。欧盟法规对磷虾油的过氧化值规定较严格，规定磷虾油的过氧化值应小于等于 3meq/kg 油脂。《磷虾油》（SC/T 3506—

2020）规定磷虾油的过氧化值含量应小于等于 0.06g/100g，相当于 5meq/kg，与国际食品法典委员会的规定一致。

（6）水分及挥发物
||||||||||||||||||||||||||||

磷虾油胶囊中水分及挥发物含量普遍高于磷虾油原液，可能与胶囊皮的水分渗入磷虾油中导致其水分略高有关，胶囊皮的水分一般在 12% 左右，在胶囊长期贮存过程中水分会慢慢渗入磷虾油，囊皮会变硬。《磷虾油》（SC/T 3506—2020）标准主要针对磷虾油原液加工中可能残存的有机溶剂（主要是乙醇），规定磷虾油的水分及挥发物含量应小于等于 3%。

（7）不皂化物
||||||||||||||||||||||||||||

不皂化物是动植物油脂品质检验的一项重要指标。不皂化物是油脂中不能被皂化的物质，即皂化时不能与氢氧化钾反应的不溶于水但溶于有机溶剂的物质，包括矿物油、甾醇、脂肪醇、维生素、色素、烃类等。通过测定油脂中的不皂化物，可以鉴定油脂的纯度和掺杂情况，是评定磷虾油磷脂纯度的指标之一。不皂化物含量越高，油脂的品质越差。《磷虾油》（SC/T 3506—2020）规定磷虾油不皂化物含量应小于等于 4%。

（8）碘值
||||||||||||||||||||||||||||

碘值是表示有机化合物不饱和程度的指标，碘值指 100g 油脂吸收碘的克数。主要用于油脂、脂肪酸、蜡及聚酯类等物质的测定。油脂的不饱和程度愈大，碘值愈高。因此，《磷虾油》（SC/T 3506—2020）规定磷虾油的碘值应大于等于 120g/100g。

南极磷虾粉质量评定的关键指标有哪些？

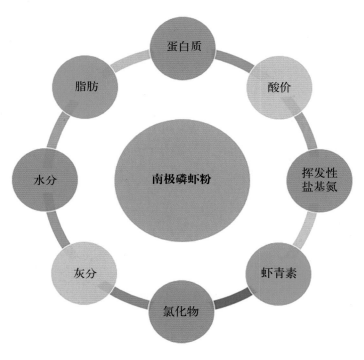

图 5-2 南极磷虾粉质量鉴别的关键指标

（1）蛋白质

南极磷虾粉的蛋白质含量高且氨基酸组成合理，满足联合国粮食及农业组织和世界卫生组织规定的优质蛋白标准，是发展南极磷虾粉功能化应用和相关食品开发的关键资源利用点。南极磷虾粉中蛋白质含量的高低一方面受原料捕捞海域、生产季节、群体组成的影响，另一方面也与蒸煮、干燥等加工方式以及贮运温度和流通周期等密切相关。

目前市场流通的南极磷虾粉产品蛋白质含量在 50 ～ 65g/100g 左右。国际上南极磷虾粉生产领先企业——挪威阿克海洋生物有限公司的企业标准规定：南极磷虾粉蛋白质含量应不低于 50g/100g。我国主要的南极磷虾粉生产企业——辽宁远洋渔业有限公司的企业标准规定：南极磷虾粉蛋白质含量应不低于45g/100g。

（2）脂肪

脂肪含量是南极磷虾粉质量的关键评价指标，特别是对于主要用于提取南极磷虾油的南极磷虾粉而言，在一定程度上，脂肪含量越高越好。不同南极磷虾粉产品的脂肪含量存在差异，一方面由于南极磷虾脂肪含量受捕捞海域、生产季节、群体组成等因素的影响较大，另一方面由于南极磷虾粉的脂肪易受光、氧、热、微生物等因素的影响，在加工与贮运过程易发生脂肪水解或氧化而损失。

目前市场流通的南极磷虾粉产品脂肪含量在 10 ~ 26g/100g 左右。国际上南极磷虾粉生产领先企业——挪威阿克海洋生物有限公司的企业标准规定：南极磷虾粉脂肪含量应不低于 20g/100g。我国主要的南极磷虾粉生产企业——辽宁远洋渔业有限公司的企业标准规定：南极磷虾粉脂肪含量应不低于 8g/100g。

（3）水分

南极磷虾粉的水分含量与加工工艺和贮藏方式密切相关。南极磷虾粉的生产方式分为两种：一种是以新鲜捕捞的南极磷虾为原料于船上直接加工为南极磷虾粉；另一种是采用远洋物流运回的冻南极磷虾于陆地加工生产南极磷虾粉。受运输成本和原料品质保持等因素影响，目前理想的加工模式是直接在船上加工生产南极磷虾粉，然后将南极磷虾粉运回陆地进行后续利用。由于南极磷虾粉的运输和贮存时间较长，水分含量的高低直接影响南极磷虾粉的感官品质和产品保质期，并间接影响其他品质指标。

目前市场流通的南极磷虾粉产品水分含量在 5 ～ 15g/100g 左右。国际上南极磷虾粉生产领先企业——挪威阿克海洋生物有限公司的企业标准规定：南极磷虾粉水分含量应不高于 10g/100g。我国主要的南极磷虾粉生产企业——辽宁远洋渔业有限公司的企业标准规定：南极磷虾粉水分含量应不高于 12g/100g。

（4）灰分
||||||||||||||||||||||||

南极磷虾粉的灰分含量可以反映南极磷虾粉是否污染或掺假。如果灰分含量超标，说明南极磷虾粉加工过程中可能混入了泥沙等杂质。

目前市场流通的南极磷虾粉产品灰分含量在 7.5 ～ 14g/100g 左右。国际上南极磷虾粉生产领先企业——挪威阿克海洋生物有限公司的企业标准规定：南极磷虾粉灰分含量应不高于 14g/100g。我国主要的南极磷虾粉生产企业——辽宁远洋渔业有限公司的企业标准中未对南极磷虾粉灰分含量作出要求。

（5）氯化物
||||||||||||||||||||||||

盐分是南极磷虾粉风味形成的重要因素，同时也能够间接反映南极磷虾其他质量指标的水平。根据相关国家检测方法标准要求，盐分含量使用氯化物（以 Cl^- 计）含量来反映。

目前市场流通的南极磷虾粉产品氯化物(以 Cl^- 计)含量在1.5% ～ 4.5%左右。国际上南极磷虾粉生产领先企业——挪威阿克海洋生物有限公司的企业标准规定：南极磷虾粉盐分含量应不高于 7%，即氯化物（以 Cl^- 计）含量不高于 4.25%。我国主要的南极磷虾粉生产企业——辽宁远洋渔业有限公司的企业标准中未对南极磷虾粉氯化物（以 Cl^- 计）含量作出要求。

（6）虾青素

||||||||||||||||||||||||||||||

虾青素是南极磷虾粉中含有的一种天然类胡萝卜素，决定了南极磷虾粉呈现出比鱼粉更加鲜艳明亮的红色。虾青素含量是反映南极磷虾粉质量的特征性指标，一方面受原料捕捞海域、生产季节、群体组成等的影响，一方面与加工和贮运方式密切相关。

目前市场流通的南极磷虾粉产品虾青素含量在 20 ~ 230mg/kg 左右，差别较大。国际上南极磷虾粉生产领先企业——挪威阿克海洋生物有限公司的企业标准以及我国主要的南极磷虾粉生产企业——辽宁远洋渔业有限公司的企业标准暂未对南极磷虾粉虾青素含量作出要求。

（7）挥发性盐基氮

||||||||||||||||||||||||||||||

水产品及其制品贮藏期间挥发性盐基氮的产生过程主要是蛋白和非蛋白物质在酶和微生物作用下产生氨以及胺类等碱性含氮物质，此类碱性含氮物质具有挥发性，其含量越高，表明氨基酸被破坏的越多，新鲜程度越差。挥发性盐基氮是判定水产品及其制品新鲜度，特别是蛋白质品质劣变程度的重要指标。由于南极磷虾粉富含大量蛋白质，易发生腐败降解，通过挥发性盐基氮指标可以评估南极磷虾粉的新鲜程度和品质优劣。

目前市场流通的南极磷虾粉产品挥发性盐基氮含量在 15 ~ 110mg/100g 左右。国际上南极磷虾粉生产领先企业——挪威阿克海洋生物有限公司的企业标准规定：南极磷虾粉挥发性盐基氮含量应不高于 150mg/100g。我国主要的南极磷虾粉生产企业——辽宁远洋渔业有限公司的企业标准中未对南极磷虾粉挥发性盐基氮含量作出要求。

（8）酸价

酸价是反映南极磷虾粉脂肪品质的重要评价指标。脂肪发生酸败后，首先水解产生游离脂肪酸，脂肪酸进一步氧化生成某些具有危害性的醛或酮等脂质过氧化物。南极磷虾粉酸价过高，会导致南极磷虾油等后续加工制品的生产难度增加以及产品品质下降。

目前市场流通的南极磷虾粉产品酸价含量在 8 ~ 20mg/g 左右。在国际上南极磷虾粉生产领先企业——挪威阿克海洋生物有限公司的企业标准规定：南极磷虾粉酸价应不高于 40mg/g，这是保证产品品质和新鲜度，防止油脂氧化的重要指标（表 5-8）。

表 5-8　国际和国内主要生产企业对南极磷虾粉关键质量指标的要求

质量指标	国际企业	国内企业
蛋白质（g/100g）	≥ 50	≥ 45
脂肪（g/100g）	≥ 20	≥ 8
水分（g/100g）	≤ 10	≤ 12
灰分（g/100g）	≤ 14	未做要求
氯化物（以 Cl⁻ 计）（%）	≤ 4.25	未做要求
挥发性盐基氮（mg/100g）	≤ 150	未做要求
酸价（KOH）（mg/g）	未做要求	未做要求

南极磷虾及其产品的质量安全风险有哪些？

（1）氟的安全性

氟是人体必需的微量元素之一，是牙齿和骨骼不可缺少的矿物质，人体摄入一定量的氟，能够促进骨骼发育，预防蛀牙。但是氟元素也是一类双阈值元素，过量摄入氟会导致氟斑牙、氟骨症等不适症状。中国居民膳食营养素参考摄入量（2013版）推荐成人氟的适宜摄入量为 1.5mg/d，成人氟可耐受最高摄入量为 3.5mg/d。

南极磷虾营养成分全面且各成分配比均衡合理，资源贮藏量巨大，是应用前景广阔的蛋白质资源库。但是，南极磷虾具有富集氟元素的特性，南极磷虾对氟的富集并非来自食物，而是来自海水，且可能是以氟与钙、磷进行离子交换吸附的方式，南极磷虾中氟含量是海水中氟的 3 000 倍，高氟含量限制了南极磷虾优质蛋白的开发应用。南极磷虾体内的氟元素主要集中于甲壳和头腹部，去除虾壳后，虾肉中氟含量很低（表5-9）。为了提高南极磷虾产品的安全性，实现对磷虾蛋白的综合利用，机械化脱壳加工和处理成为必然趋势。

表5-9　南极磷虾及其产品中氟含量

样品名称		氟含量（以干基计，mg/kg）
南极磷虾粉		1 000 ~ 2 500
南极磷虾油		20 ~ 80
南极磷虾	整虾	1 300 ~ 2 400
	头胸部	4 260
	甲壳	3 300
	肌肉	570

南极磷虾粉中总氟含量为 1 000 ~ 2 500mg/kg，大部分南极磷虾油中检不出氟元素，少量检出的磷虾油中氟含量一般低于 50mg/kg，这与南极磷虾粉原料的新鲜度、提取溶剂和提取工艺有很大关系，通常情况下用乙醇提取的南极磷虾油中氟含量低于用丙酮、正己烷提取的磷虾油产品。

目前世界各国均没有关于氟或氟化物在食品中的限量标准，《食品安全国家标准 食品中污染物的限量》（GB 2762—2017）未对食品中氟含量做出规定。因为 GB 2762 在修订过程中，按照国际食品法典委员会（CAC）对污染物的标准制定原则，经风险评估发现粮食、豆类、蔬菜、水果、肉类、水产品和蛋类等食品中设定氟限量对控制过量氟摄入的作用很小，同时根据我国食品中氟的膳食暴露量评估结果，GB 2762—2017 中取消了氟限量规定，即不再将氟作为食品污染物指标管理。

我国强制性国家标准《饲料卫生标准》（GB 13078—2017）规定甲壳类动物及其副产品中氟含量不超过 3 000mg/kg，据此，南极磷虾粉中氟含量能够满足我国的国家标准对于饲料原料的要求。为了科学解释南极磷虾粉中氟的安全性，国内学者开展了南极磷虾粉中氟的急性和慢性毒性研究，结果表明，南极磷虾粉经口半数致死量 LD_{50} > 20g/kg·bw，依据《食品安全国家标准 急性经口毒性试验》（GB 15193.3—2014）的规定，其毒性可判定为"实际无毒"。关于南极磷虾粉食用安全性的全面解释有待于相关研究和数据的进一步完善。

（2）砷的安全性

南极磷虾主要以浮游生物和藻类为食，具有通过食物链等途径富集重金属的特性，因此，南极磷虾作为开发利用潜力巨大的生物资源，其相关产品的食用安全性备受关注。研究者发现，南极磷虾体内含有少量砷，在后续加工过程中砷元素会不同程度地迁移到南极磷虾粉、南极磷虾油等终产品中，特别是南极磷虾油中总砷含量较高，使其在保健品和膳食补充剂等方面的应用受到限制。

砷在自然环境中主要以有机态与无机态两种形式存在，主要包括砷甜菜碱（arsenobetaine，AsB）、砷胆碱（arsenocholine，AsC）、一甲基砷酸盐（monomethylated arsenic，MMA）、二甲基砷酸盐（dimenthylated arsenic，DMA）、砷脂、三甲基砷氧化物等有机砷，以及As（Ⅲ）和As（Ⅴ）等无机砷。欧盟食品安全局在《食物中砷的科学观点》中指出，砷元素的毒性与其存在形态密切相关，无机砷具有致癌毒性，有机砷通常被认为是低毒或无毒的。以砷化合物的半数致死量计，其毒性由大到小依次为 As（Ⅲ）（14mg/kg）＞As（Ⅴ）（20mg/kg）＞MMA（200～1 800mg/kg）＞DMA（200～2 600mg/kg）＞AsC（大于6 500mg/kg）＞AsB（大于10 000mg/kg）。

国内学者采用氢化物发生－原子荧光光谱法和液相色谱－原子荧光光谱法分别对南极磷虾及其产品中总砷、无机砷含量进行检测。由表5-10、表5-11可知，南极磷虾整虾和磷虾肉中总砷含量均低于0.50mg/kg，无机砷含量小于0.05mg/kg，符合GB 2762中甲壳类及其制品中无机砷含量不超过0.5mg/kg的规定。南极磷虾粉中总砷含量为0.75～3.22mg/kg，无机砷含量为ND～0.11mg/kg，我国现行强制性国家标准《饲料卫生标准》（GB 13078—2017）规定鱼虾粉中总砷含量不得超过15mg/kg，南极磷虾粉中总砷含量远低于限量值，满足我国现行国家标准要求。南极磷虾油中总砷含量为1.1～6.5mg/kg，无机砷含量为ND～0.14mg/kg，基本符合新修订的GB 2762和GB 16740中磷虾油的无机砷限量规定。

表5-10　南极磷虾及其产品中总砷和无机砷含量

样品名称	水分含量（g/100g）	总砷含量（mg/kg）	无机砷含量（mg/kg）
南极磷虾	79.1～80.9	0.031～0.270	ND
南极磷虾肉	79.0～82.7	0.077～0.086	ND
南极磷虾粉	3.30～23.8	0.75～3.22	ND～0.11
南极磷虾油	0.79～3.41	1.1～6.5	ND～0.14

注：ND代表未检出，检出限为0.050mg/kg。

表 5-11　国内外标准法规对南极磷虾及其产品中砷的限量规定

国家及国际组织	砷限量规定	标准名称
国际食品法典委员会（CAC）	无机砷 ≤ 0.1mg/kg	《食品和饲料中污染物和毒素通用标准》（CODEX STAN 193—1995）
全球 EPA、DHA Omega-3 组织（GOED）	无机砷 ≤ 0.1mg/kg（鱼油）	—
欧盟	批准南极磷虾（磷虾）脂质提取物用作膳食补充剂，普通人群每日最大食用量为 3g，孕妇和哺乳人群每日最大食用量为 450mg	《关于食品中特定污染物的最高限量》[(EU)2016/598，(EC)No 258/97，(EC)No1881/2006] 未规定砷限量
日本	未规定	《日本农产品和水产品进口技术法规手册》
美国	需通过 GRAS 安全性认证	FDA，一般安全性认证
美国	总砷 ≤ 76mg/kg（甲壳类动物）	《水产品危害及控制指南》
美国	无机砷 ≤ 0.1mg/kg（磷虾油及其胶囊产品）	美国药典 USP37—NF32 第二增补本
中国	无机砷 ≤ 0.5mg/kg，水产动物及其制品（鱼类及其制品除外）无机砷 ≤ 0.1mg/kg，磷虾油	《食品安全国家标准 食品中污染物限量》（GB 2762）（2021 年修订版）
中国	1. 污染物限量应符合 GB 2762 中相应类属食品的规定；2. 无相应类属食品应符合以下规定：无机砷 ≤ 0.2mg/kg（以水产动物或藻类为主要原料的产品）	《食品安全国家标准 保健食品》（GB 16740）（2021 年修订稿）
中国	甲壳类动物及其副产品（虾油除外）、鱼虾粉中总砷 ≤ 15mg/kg	《饲料卫生标准》（GB 13078—2017）

　　国外学者基于检测数据和南极磷虾产品的膳食消费量，采用膳食暴露评估方法对南极磷虾产品中砷膳食暴露量及食用安全性进行研究，结果发现摄食南极磷虾油对无机砷膳食暴露量的贡献率极低，长期食用磷虾油不会增加总膳食无机砷的摄入量。相关研究表明南极磷虾粉中有机砷含量占总砷的 90% 以上，主要存在形态为砷甜菜碱（AsB），占总砷的 85% 左右，As(Ⅲ) 和 As(Ⅴ) 之和仅占不到总砷的 10%，由南极磷虾粉带来的水产动物或宠物中砷暴露风险极低。因此，南极磷虾及其产品可以作为安全、优质的食品、饲料或保健品原料予以广泛应用。

6 如何保障南极磷虾油产品的安全性？

　　南极磷虾油在美国、欧盟、加拿大和日本等国，被广泛应用于健康食品、特定保健用食品和化妆品中，据了解，2015 年南极磷虾油市场价值达到 3 亿美元，并在 2015—2021 年间以年复合增长率 12.9% 的增速增长，到 2022 年其市场价值将超过 7 亿美元。有数据显示，从 2008 年至今，南极磷虾油已最大的市场是西方欧美国家。但是随着中国经济的快速发展和消费者对 Omega—3 脂肪酸的需求扩张，中国将成为磷虾油未来最大的消费市场。

　　现如今，南极磷虾油的市场规模正在不断扩大，那么如何保障南极磷虾油产品的安全性呢？其实早在 2008 年磷虾油已通过美国食品药品管理局（FDA）的公认安全物质（Generally Recognized As Safe，GRAS）认定，允许被添加于谷物早餐、奶酪、饮料、果汁、奶制品等食品中。美国药典 USP37—NF32、USP41—NF36 规定了磷虾油、磷虾油胶囊、磷虾油缓释胶囊等作为膳食补充剂的质量标准。2009 年，欧盟批准磷虾油为新资源食品，以膳食补充剂的形式在欧盟市场上大量销售。通过一系列标准法规的实施，不仅支撑了南极磷虾产业的开发利用，还有力地保障了南极磷虾及其产品的安全性。

　　我国对南极磷虾油的研发始于 2010 年，目前国内有近 10 家企业已投入磷虾油的生产，虽然尚未形成较大规模的产业，但在高品质磷虾油工业化生产技术研发等方面已取得一定成功，并有产品投入国内外市场。自从 2013 年磷虾油获批为国家新食品原料，也为南极磷虾的综合开发利用创造了有利条件。根据《中华人民共和国食品安全法》的规定，食品中安全指标应符合相应食品安全国家标准的规定，磷虾油中污染物限量应符合《食品安全国家标准　食品中污染物限量》（GB 2762）中甲壳类及其制品的相关规定（表 5—12）。

表 5-12　GB 2762—2017 中甲壳类及其制品的相关规定

指标	限量规定
铅	鲜、冻水产动物 – 甲壳类 ≤ 0.5mg/kg；水产制品 ≤ 1.0mg/kg
镉	鲜、冻水产动物 – 甲壳类 ≤ 0.5mg/kg
甲基汞	水产动物及其制品（肉食性鱼类及其制品除外）≤ 0.5mg/kg
无机砷	水产动物及其制品（鱼类及其制品除外）≤ 0.5mg/kg 水产调味品 ≤ 0.5mg/kg
铬	水产动物及其制品 ≤ 2.0mg/kg
N– 二甲基亚硝胺	水产制品（水产品罐头除外）≤ 4.0μg/kg；干制水产品 ≤ 4.0μg/kg
苯并芘	熏、烤水产品 ≤ 5.0μg/kg
多氯联苯（PCB，以 PCB28、PCB52、PCB101、PCB118、PCB138、PCB153、PCB180 之和计）	水产动物及其制品 ≤ 0.5mg/kg

7 如何保障南极磷虾粉产品的安全性？

　　我国目前有多家企业从事南极磷虾粉的生产加工，产品已投入市场使用多年，在食品行业和饲料行业均有应用。在不同产业使用时，应当遵循相应国家强制性质量安全标准的规定，以保障产品的安全性。南极磷虾粉应用于食品行业时，安全指标应符合《食品安全国家标准　食品中污染物限量》（GB 2762—2017）中甲壳类及其制品的相关规定，如表 5-12；南极磷虾粉应用于饲料行业时，安全指标应符合《饲料卫生标准》（GB 13078—2017）中甲壳类动物及其副产品、鱼虾粉的相关规定（表 5-13）。

表 5-13　GB 13078 中甲壳类动物及其副产品的相关规定

指标	限量规定
无机污染物	
总砷	甲壳类动物及其副产品（虾油除外）、鱼虾粉 ≤ 15mg/kg
铅	其他饲料原料 ≤ 10mg/kg
汞	鱼、其他水生生物及其副产品类饲料原料 ≤ 0.5mg/kg
镉	其他动物源性饲料原料 ≤ 2mg/kg
铬	饲料原料 ≤ 5mg/kg
氟	甲壳类动物及其副产品 ≤ 3 000mg/kg
亚硝酸盐（以 $NaNO_2$ 计）	其他饲料原料 ≤ 80mg/kg
有机氯污染物	
多氯联苯 PCB（以 PCB28、PCB52、PCB101、PCB138、PCB153、PCB180 之和计）	鱼和其他水生动物及其制品（鱼油，脂肪含量大于 20% 的鱼蛋白水解物除外）≤ 30μg/kg；
六六六 (HCH, 以 α–HCH、β–HCH、γ–HCH 之和计)	其他饲料原料 ≤ 0.2mg/kg
滴滴涕 (以 p,p'–DDE、o,p'–DDT、p,p'–DDD、p,p'–DDT 之和计)	其他饲料原料 ≤ 0.05mg/kg
六氯苯（HCB）	其他饲料原料 ≤ 0.01mg/kg
微生物污染物	
霉菌总数	其他动物性饲料原料 < 2×10^4 cfu/g
细菌总数	动物源性饲料原料 < 2×10^6 cfu/g
沙门氏菌	饲料原料和饲料产品，不得检出（25g 中）

第二节　构建南极磷虾产业标准体系的设想

 什么是标准体系?

　　标准体系是某一特定专业范围内的标准按其内在联系形成的科学有机整体。标准体系表则反映某一特定专业范围内整套标准体系结构相互关系的图表,包含现有、应有和预计制定标准的蓝图。

　　标准体系可分解成若干分体系,每个分体系由具有内在联系的标准组成,也形成了一个科学的有机整体。每个分体系和每个标准都有各自的特定功能,而且分体系之间和各标准之间存在着相互制约、相互作用、相互依赖和相互补充的内在联系。

　　标准体系的作用有以下几个方面。　①描绘出一个发展蓝图。对本行业、本专业及任何系统的全部应有的标准摸清底细,看到全貌,用图表一目了然地描绘出今后应发展的蓝图,明确努力方向和工作重点,做到"胸有全局"。②系统了解国际、国外标准,为采用国际标准和国外先进标准提供有利情报。通过对某一特定专业范围内的国际、国外、国内标准进行系统全面地查阅、研究和分析,了解现有标准体系组成、标准特点和水平等,也了解到我国与国际、国外标准间的差距,从而在国家、行业标准体系上,对每项标准提出相应采用的

国际、国外标准的标准号，为采用国际标准和国外先进标准提供有利情报。③指导标准制订、修订计划的编制。由于标准体系反映全局，找出与国际、国外的差距，可以做到有目的地抓住主攻方向，安排好轻重缓急，避免计划安排的盲目性，减少重复劳动，节省人力、物力、财力，加快标准的制修订进度。④有助于生产科研工作。在新产品试制和科研工作过程的任一环节上都有一系列相应标准需要执行。标准体系不但列出了现有标准，而且还有今后要发展和相应国际、国外先进标准，这对生产科研人员在采用或参照国际、国外先进标准、试制新产品是很有利的。⑤有利于企业标准化的建设。建立、健全企业标准体系是建设企业标准化的要点之一。企业标准体系表既要充分贯彻和采用全国、行业、专业等各上层标准，又积极制定符合本企业特点的标准，为加强企业管理和提高企业标准化水平创造有利条件。

为什么要构建南极磷虾产业标准体系?

南极磷虾产业是集远洋捕捞、船上加工和陆上加工于一体，技术门槛高、产业链条长、经济效益逐级大幅提升的新兴产业。我国南极磷虾产业与国际南极磷虾产业同呼吸、共命运，受全球资源、供需市场能力的影响，我国南极磷虾资源开发产业链雏形已基本形成，包括磷虾资源探捕、磷虾食品加工、磷虾粉与养殖饲料加工、磷虾保健品与医药，以及设备制造等专业领域。规范发展南极磷虾产业，促进产业实现全产业链健康发展。

产业发展，标准先行，要充分发挥标准的引领作用。在推动南极磷虾产业技术升级、科技创新的过程中必须重视标准的引领作用和桥梁纽带作用。目前我国南极磷虾产品综合开发利用正处于蓬勃发展的阶段，产品种类越来越丰富，加强标准化建设，规范行业行为，是南极磷虾产业可持续发展的重要保障。南极磷虾产业是新兴产业，标准化研究工作也是从零开始。产品标准和质量评价标准缺失、检测技术落后，现行食品安全国家标准中缺乏对磷虾系列产品的安全性评价和风险评估以及与磷虾产业标准化相关的基础研究工作不足是磷虾产业发展所面临的主要问题。因此，制订与磷虾产业发展相适应的一系列标准迫在眉睫，而构建南极磷虾产业标准体系是重中之重。

通过认真研究制订南极磷虾产业标准体系，可以清楚地看出当前标准齐全程度和今后应制订的标准项目及其缓急程度，为标准项目计划的编制提供科学依据。可使标准制作修订工作井然有序，避免出现〝头痛医头、脚痛医脚〞的盲目状态，将描绘出南极磷虾产业标准化工作的发展蓝图，明确未来的发展方向和工作重点，也有助于系统地了解国内南极磷虾产业标准规划的全局，有助于建立健全与产业发展紧密结合的南极磷虾产业标准化管理体制，有助于生产、科研工作及企业标准化建设，有助于保护企业合法生产和经营，促进我国南极磷虾产业健康可持续发展。

如何构建南极磷虾产业标准体系？

南极磷虾产业标准体系应以全球南极磷虾产业发展态势为导向，围绕我国南极磷虾产业经济发展目标进行编制，遵循国家标准《标准体系构建原则和要求》（GB/T 13016—2018）的具体规定。根据当前全球南极资源开发和保护的要求，对捕捞磷虾资源保护和应用的需要，围绕当前产业链条涉及的各个阶段，针对标准化工作的需求，找出关键控制点，梳理整个产业链条，规划标准框架，建立完善标准体系，促进产业健康有序发展。

南极磷虾产业标准体系是南极磷虾产业标准化的指导性技术文件，作为南极磷虾产业国家、行业、团体标准制订、修订规划和计划的依据之一，是促进南极磷虾生产全过程实现标准化控制的基础，是包括现有、应有和预计发展的南极磷虾产业所需标准的全面蓝图，并随着科学技术的发展及产业的发展需求而不断地得到更新和充实（图5-3）。

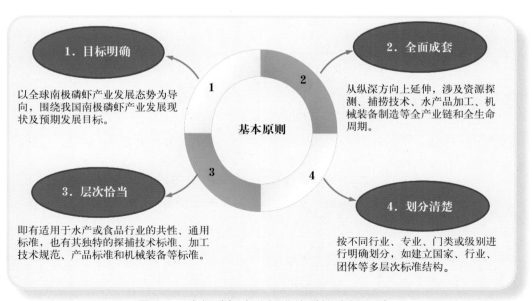

图 5-3　南极磷虾产业标准体系的编制原则

南极磷虾产业标准体系的主体框架是什么？

南极磷虾产业链从纵深方向上延伸，涉及南极磷虾资源探捕、船上加工、水产品精深加工、海洋制药、机械装备制造等几大板块的相关产业。南极磷虾产业其所采用的标准既有适用于整个水产行业甚至食品行业的共性标准，也有其独特的捕捞技术标准、生产加工技术规范、产品标准和机械装备等方面的标准。

南极磷虾产业标准体系的基本结构从上到下共分为三层。首先应具有南极磷虾行业通用的基础标准。为充分体现南极磷虾产业的完整性和制标的系统性，南极磷虾产业标准体系表应涵盖磷虾捕捞、磷虾产品加工与流通、基础设施与装备制造等三大领域，也就是资源、加工、渔机这三大领域之间相互衔接补充的综合体系。这就构成了本体系的第二个层次。南极磷虾产业标准体系的第三层次由磷虾渔业资源标准、磷虾产品流通与加工、磷虾产业所需的基础设施和装备等三个方面组成。磷虾渔业资源标准用于规范磷虾资源与捕捞作业中的管理和技术要求，主要包括资源开发与养护、捕捞海域环境监测、捕捞专用技术及渔业资源管理等四个方面。磷虾产品流通与加工标准用于规范磷虾产品的生产、加工、冷链物流、销售全过程的质量安全，主要包括产品质量评价标准、产品功能成分检测方法标准、产品加工操作规程、冷链物流标准以及产品追溯标准等五个方面。磷虾产业所需的基础设施和装备用于规范磷虾产业的设备、设施、器具的质量要求、技术规程、管理规范，主要包括捕捞设施、器具与材料、加工机械与设备两大类。

每一个层次的标准都有相对应的明细表，并将引用的其他体系的标准列为本标准体系的"相关标准"，包括水产行业通用基础标准、资源通用基础标准、加工环节通用基础标准等（图5-4）。

磷 虾 油

1 范围

本标准规定了磷虾油的要求,试验方法,检验规则,标签、标志、包装、运输和储存。

本标准适用于以南极磷虾粉为原料,经提取、过滤、浓缩、精制等工序制成的磷虾油。

2 规范性引用文件

下列文件对于本文件的应用是必不可少的。凡是注日期的引用文件,仅注日期的版本适用于本文件。凡是不注日期的引用文件,其最新版本(包括所有的修改单)适用于本文件。

GB/T 191 包装储运图示标志

GB 2760 食品安全国家标准 食品添加剂使用标准

GB 2762 食品安全国家标准 食品中污染物限量

GB 5009.168—2016 食品安全国家标准 食品中脂肪酸的测定

GB 5009.227—2016 食品安全国家标准 食品中过氧化值的测定

GB 5009.229—2016 食品安全国家标准 食品中酸价的测定

GB 5009.236—2016 食品安全国家标准 动植物油脂水分及挥发物的测定

GB/T 5524 动植物油脂 扦样

GB/T 5532 动植物油脂 碘值的测定

GB/T 5535.2 动植物油脂 不皂化物测定 第2部分:己烷提取法

GB/T 5537—2008 粮油检验 磷脂含量的测定

GB 5749 生活饮用水卫生标准

GB 7718 食品安全国家标准 预包装食品标签通则

GB 10136 食品安全国家标准 动物性水产制品

GB 28050 食品安全国家标准 预包装食品营养标签通则

GB 29921 食品安全国家标准 食品中致病菌限量

JJF 1070 定量包装商品净含量计量检验规则

SC/T 3053 水产品及其制品中虾青素含量的测定 高效液相色谱法

3 要求

3.1 原辅料要求

3.1.1 原料

南极磷虾粉的原料应为南极大磷虾(*Euphausia superba* Dana),且符合 GB 10136 的要求。

3.1.2 加工用水

应符合 GB 5749 的要求。

3.2 食品添加剂

应符合 GB 2760 的要求。

3.3 感官要求

应符合表 1 的要求。

表 1　感官要求

项　目	要　　求
色　泽	暗红色或红褐色
组织与形态	半透明油状液体
气味、滋味	具有磷虾油特有的气味和滋味,无异味
杂　质	无正常视力可见杂质

3.4　理化指标

应符合表 2 的要求。

表 2　理化指标

项　目	指　标	
	优级品	合格品
总磷脂,g/100 g	≥45	≥38
二十碳五烯酸(EPA),g/100 g	≥12	≥6
二十二碳六烯酸(DHA),g/100 g	≥6	≥3
虾青素,mg/kg	≥30	
酸价, mg/g	≤15	≤25
过氧化值, g/100 g	≤0.06	
水分及挥发物, %	≤3	
不皂化物,%	≤4	
碘值, g/100 g	≥120	

3.5　污染物指标

应符合 GB 2762 的要求。

3.6　微生物指标

应符合 GB 29921 的要求。

3.7　净含量

预包装产品的净含量应符合 JJF 1070 的要求。

4　试验方法

4.1　感官检验

在光线充足、无异味和其他干扰的环境下,先检查样品包装是否完好,再拆开包装,移取少量磷虾油于表面皿中,厚度约为 0.5 cm,按表 1 的规定逐项检验。

4.2　总磷脂

按 GB/T 5537—2008 第一法的规定执行。

4.3　二十碳五烯酸(EPA)

按 GB 5009.168—2016 第二法中水解-提取法的规定执行。

4.4　二十二碳六烯酸(DHA)

按 GB 5009.168—2016 第二法中水解-提取法的规定执行。

4.5　虾青素

按 SC/T 3053 的规定执行。

4.6　酸价

按 GB 5009.229—2016 第二法的规定执行。

4.7　过氧化值

按 GB 5009.227—2016 第二法的规定执行。

4.8　水分及挥发物

按 GB 5009.236—2016 第一法的规定执行。

4.9 不皂化物

按 GB/T 5535.2 的规定执行。

4.10 碘值

按 GB/T 5532 的规定执行。

4.11 污染物

按 GB 2762 的规定执行。

4.12 微生物

按 GB 29921 的规定执行。

4.13 净含量

按 JJF 1070 的规定执行。

5 检验规则

5.1 组批规则与抽样方法

5.1.1 组批规则

在原料及生产条件基本相同的情况下,同一天或同一班组生产的相同等级或规格的产品为一个检验批。按批号抽样。

5.1.2 抽样方法

按 GB/T 5524 的规定执行。

5.2 检验分类

5.2.1 出厂检验

每批产品应进行出厂检验。出厂检验由生产单位质量检验部门执行,检验项目为感官、总磷脂、水分及挥发物、酸价、过氧化值、净含量和标签。检验合格签发合格证,产品凭检验合格证出厂。

5.2.2 型式检验

型式检验项目为本标准中规定的全部项目,有下列情况之一时应进行型式检验:

    a) 停产 6 个月以上,恢复生产时;

    b) 原料产地变化或改变生产工艺,可能影响产品质量时;

    c) 国家行政主管机构提出进行型式检验要求时;

    d) 出厂检验与上次型式检验有较大差异时;

    e) 正常生产时,每年至少 2 次的周期性检验;

    f) 对质量有争议,需要仲裁时。

5.3 判定规则

所有指标全部符合本标准规定时,判该批产品合格。

6 标签、标志、包装、运输和储存

6.1 标签、标志

6.1.1 预包装产品的标签应符合 GB 7718 的规定。营养标签应符合 GB 28050 的规定。应标注成人食用量≤3 g/d,婴幼儿、孕妇、哺乳期妇女及海产品过敏者不宜食用。

6.1.2 非预包装产品的标签应标示产品的名称、等级、产地、生产者或销售者名称、生产日期等。

6.1.3 包装储运标志应符合 GB/T 191 的要求。

6.1.4 实施可追溯的产品应有可追溯标识。

6.2 包装

6.2.1 包装材料

包装材料应洁净、干燥、不透明、坚固、无毒、无异味,符合相关食品安全标准的规定。

6.2.2 包装要求

应按同一种类、等级或规格包装,不应混装。包装应严密、牢固、防潮、避光、不易破损,便于装卸、仓储和运输。

6.3 运输

运输工具应清洁、卫生,无异味,运输中防止受潮、日晒、虫害以及有害物质的污染,不应靠近或接触腐蚀性的物质,不应与有毒有害及气味浓郁物品混运。

6.4 储存

6.4.1 产品应储存在阴凉、干燥、通风的库房内,储存库应清洁、卫生,无异味,防止受潮、日晒、虫害和有毒物质的污染及其他损害。

6.4.2 不同品种、规格、等级、批次的产品应分垛存放,标示清楚,并与墙壁、地面、天花板保持适当距离,堆放高度以包装箱(桶)受压不变形为宜。

ICS 67.120.30
X 20

中华人民共和国水产行业标准

SC/T 3053—2019

水产品及其制品中虾青素含量的测定
高效液相色谱法

Determination of astaxanthin in fish and fishery products by high performance
liquid chromatography method

2019-08-01 发布　　　　　　　　　　2019-11-01 实施

中华人民共和国农业农村部 发布

前　　言

本标准按照 GB/T 1.1—2009 给出的规则起草。

请注意本文件的某些内容可能涉及专利。本文件的发布机构不承担识别这些专利的责任。

本标准由农业农村部渔业渔政管理局提出。

本标准由全国水产标准化技术委员会加工分技术委员会(SAC/TC 156/SC 3)归口。

本标准起草单位:中国水产科学研究院黄海水产研究所、辽渔南极磷虾科技发展有限公司、山东鲁华海洋生物科技有限公司。

本标准主要起草人:孙伟红、邢丽红、王联珠、冷凯良、丛心缘、刘冬梅、范宁宁、付树林、李兆新、李风玲、郭莹莹、朱文嘉、彭吉星。

水产品及其制品中虾青素含量的测定　高效液相色谱法

1　范围

本标准规定了水产品及其制品中虾青素含量的高效液相色谱测定方法的原理、使用的试剂及仪器、测定步骤、结果计算方法、方法灵敏度、准确度和精密度。

本标准适用于鱼类、甲壳类及虾粉、磷虾油等制品中虾青素含量的测定。

2　规范性引用文件

下列文件对于本文件的应用是必不可少的。凡是注日期的引用文件，仅注日期的版本适用于本文件。凡是不注日期的引用文件，其最新版本（包括所有的修改单）适用于本文件。

GB/T 6682　分析实验室用水规格和试验方法

GB/T 30891　水产品抽样规范

3　原理

样品中待测物采用丙酮或二氯甲烷-甲醇混合溶液提取，经碱皂化，使其中的虾青素酯转化成游离态的虾青素，液相色谱分离，紫外检测器测定，外标法定量。

4　试剂

4.1　除另有说明外，所用试剂均为分析纯，水为 GB/T 6682 规定的一级水。

4.2　丙酮(CH_3COCH_3)：色谱纯。

4.3　二氯甲烷(CH_2Cl_2)：色谱纯。

4.4　甲醇(CH_3OH)：色谱纯。

4.5　叔丁基甲醚[$CH_3OC(CH_3)_3$]：色谱纯。

4.6　磷酸(H_3PO_4)：优级纯。

4.7　氢氧化钠(NaOH)：优级纯。

4.8　2,6-二叔丁基对甲酚($C_{15}H_{24}O$)：化学纯。

4.9　碘(I_2)。

4.10　硫代硫酸钠($Na_2S_2O_3 \cdot 5H_2O$)。

4.11　无水碳酸钠(Na_2CO_3)。

4.12　无水硫酸镁($MgSO_4$)：650℃灼烧 4 h，在干燥器内冷却至室温，储于密封瓶中备用。

4.13　1%磷酸溶液(V/V)：量取 10 mL 磷酸和 990 mL 水，混匀后备用。

4.14　二氯甲烷-甲醇溶液：量取 250 mL 二氯甲烷和 750 mL 甲醇，加入 0.5 g 2,6-二叔丁基对甲酚，混匀后备用。

4.15　0.02 mol/L 氢氧化钠甲醇溶液：称取 0.4 g 氢氧化钠，用甲醇溶解并稀释至 500 mL，混匀后备用。

4.16　0.6 mol/L 磷酸甲醇溶液(V/V)：量取磷酸 600 μL，用甲醇稀释至 10 mL。

4.17　0.01 g/mL 碘-二氯甲烷溶液：称取 0.1 g 碘，用二氯甲烷溶解并稀释至 10 mL，混匀后备用。

4.18　0.1 mol/L 硫代硫酸钠溶液：称取 1.3 g 硫代硫酸钠，加入 0.01 g 无水碳酸钠，溶于 50 mL 水中，缓缓煮沸 10 min，冷却后备用。

4.19　全反式虾青素标准品：纯度≥95%。

4.20　全反式虾青素标准储备溶液：准确称取全反式虾青素标准品约 10 mg，用丙酮溶解并定容于 500

mL 容量瓶中,此溶液浓度为 20 μg/mL,充氮密封,置于 −18℃冰箱中避光保存,有效期 1 个月。

4.21 虾青素几何异构体的制备:准确吸取全反式虾青素标准储备液(4.20)适量,用丙酮稀释配成 10 μg/mL 的标准溶液,移取 2 mL 标准溶液于 10 mL 具塞试管中,加入 3 mL 二氯甲烷,混匀,加入 50 μL 0.01 g/mL 碘-二氯甲烷溶液(4.17),充分涡旋,密封置于自然光下反应 15 min,然后加入 1 mL 0.1 mol/L 硫代硫酸钠溶液(4.18)充分振荡以脱除多余的碘后,静置分层取下相,氮气吹干后加入 1 mL 丙酮溶解,现用现配。

4.22 N-丙基乙二胺(PSA)填料:粒径 40 μm～60 μm。

5 仪器

5.1 高效液相色谱仪:配紫外检测器。

5.2 分析天平:感量 0.01 g。

5.3 分析天平:感量 0.000 1 g。

5.4 分析天平:感量 0.000 01 g。

5.5 超声波清洗仪。

5.6 离心机:转速 8 000 r/min。

5.7 涡旋混合器。

5.8 氮吹仪。

6 测定步骤

6.1 试样制备

取代表性试样,按 GB/T 30891 的规定执行。

6.2 提取

6.2.1 鱼类、甲壳类

称取试样 2 g(准确到 0.01 g)于 50 mL 离心管中,加入 4 g 无水 MgSO₄,再加入 10 mL 丙酮,充分涡旋,15℃以下超声波提取 15 min,8 000 r/min 离心 5 min,收集上清液于 50 mL 离心管中,残渣中加入 10 mL 丙酮重复以上过程,合并提取液,混匀。

6.2.2 虾粉

称取试样 1 g～2 g(准确到 0.01 g)于 50 mL 离心管中,加入 20 mL 丙酮,15℃以下超声波提取 15 min,8 000 r/min 离心 5 min,收集上清液于 50 mL 离心管中,残渣中加入 10 mL 丙酮重复以上过程,合并提取液,混匀。

6.2.3 磷虾油

称取磷虾油 0.2 g～0.5 g(准确到 0.001 g)于 50 mL 离心管中,加入 20 mL 二氯甲烷-甲醇溶液(4.14),涡旋混匀,15℃以下超声波提取 20 min,8 000 r/min 离心 5 min。

注:虾青素含量高于 100 mg/kg 的南极磷虾油的称样量不大于 0.2g。

6.3 皂化和净化

准确移取 2 mL 样品提取液于 10 mL 具塞试管中,加入 2.9 mL 0.02 mol/L NaOH 甲醇溶液(4.15),涡旋混合,充氮密封,在 4℃～5℃冰箱中反应过夜 12 h～16 h。然后在试样溶液中加入 0.1 mL 0.6 mol/L 磷酸甲醇溶液(4.16)中和剩余的碱,再加入 100 mg PSA 填料,涡旋混合,静置 5 min,过 0.2 μm 微孔滤膜后,待测。

6.4 测定

6.4.1 色谱条件

a) 色谱柱:C₃₀色谱柱,250 mm×4.6 mm,5 μm,或相当者;

b) 柱温:25℃;

c) 流速:1.0 mL/min。

d) 检测波长:474 nm。

e) 流动相:A 为甲醇,B 为叔丁基甲基醚,C 为 1%磷酸溶液;梯度洗脱程序见表1。

表 1 流动相梯度洗脱程序

时间,min	A,%	B,%	C,%
0	81	15	4
15	66	30	4
23	16	80	4
27	16	80	4
30	81	15	4
35	81	15	4

6.4.2 标准曲线绘制

准确移取适量全反式虾青素标准储备溶液(4.20)用试样定容溶剂稀释成浓度分别为 0.1 μg/mL、0.5 μg/mL、1.0 μg/mL、2.0 μg/mL、5.0 μg/mL、10.0 μg/mL 的标准工作液,现用现配。

6.4.3 液相色谱测定

6.4.3.1 定性方法

分别注入 20 μL 全反式虾青素标准工作液(6.4.2)、虾青素几何异构体(4.21)和试样溶液(6.3),按6.4.1列出的色谱条件进行液相色谱分析测定,根据虾青素几何异构体色谱图中 13-顺式虾青素、全反式虾青素和9-顺式虾青素 3 种虾青素同分异构体组分的保留时间定性。色谱图参见附录 A。

6.4.3.2 定量方法

根据试样溶液中虾青素的含量情况,选定峰面积相近的全反式虾青素的标准工作液单点定量或多点校准定量,试样测定结果以 3 种虾青素同分异构体的总和计,外标法定量,同时标准工作液和样液的响应值均应在仪器检测的线性范围之内。

7 结果计算

试样中虾青素的含量(X)按式(1)计算,保留 3 位有效数字。

$$X = \frac{(1.3 \times A_{13\text{-cis}} + A_{\text{trans}} + 1.1 \times A_{9\text{-cis}}) \times C_s \times V}{A_s \times m} \times f \quad\quad\quad (1)$$

式中:

X ——样品中虾青素的含量,单位为毫克每千克(mg/kg);

1.3 ——13-顺式虾青素对全反式虾青素的校正因子;

$A_{13\text{-cis}}$ ——试样溶液中 13-顺式虾青素的峰面积;

A_{trans} ——试样溶液中全反式虾青素的峰面积;

1.1 ——9-顺式虾青素对全反式虾青素的校正因子;

$A_{9\text{-cis}}$ ——试样溶液中 9-顺式虾青素的峰面积;

C_s ——标准工作液中全反式虾青素的含量,单位为微克每毫升(μg/mL);

V ——试样溶液体积,单位为毫升(mL);

A_s ——全反式虾青素标准工作液的峰面积;

m ——样品质量,单位为克(g);

f ——稀释倍数。

8 方法定量限、回收率和精密度

8.1 定量限

鱼类、甲壳类中虾青素的定量限为 2.5 mg/kg,虾粉中虾青素的定量限为 5 mg/kg,磷虾油中虾青素的定量限为 10 mg/kg。

8.2 回收率

本方法添加浓度为 2.5 mg/kg～100 mg/kg 时,回收率为 90％～110％。

8.3 精密度

本方法的批内变异系数≤10％,批间变异系数≤10％。

附　录　A
(资料性附录)
色　谱　图

A.1　异构化的标准溶液色谱图

见图 A.1。

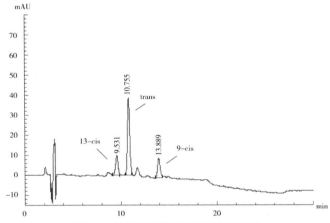

图 A.1　异构化的虾青素标准溶液色谱图

A.2　全反式虾青素标准溶液色谱图(1 μg/mL)

见图 A.2。

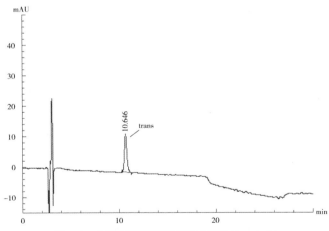

图 A.2　全反式虾青素标准溶液色谱图(1 μg/mL)

A.3　南极磷虾样品色谱图

见图 A.3。

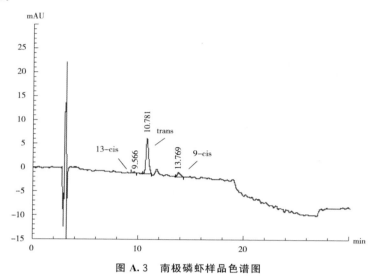

图 A.3　南极磷虾样品色谱图

A.4　南极磷虾加标样品色谱图(添加水平 2.5 mg/kg)

见图 A.4。

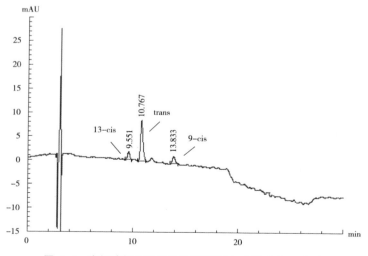

图 A.4　南极磷虾加标样品色谱图(添加水平 2.5 mg/kg)

A.5 南极磷虾粉样品色谱图

见图 A.5。

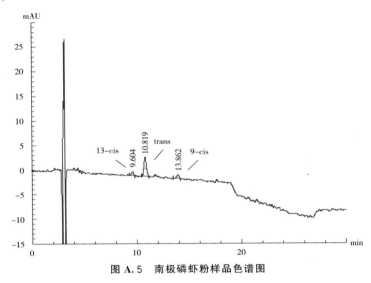

图 A.5 南极磷虾粉样品色谱图

A.6 南极磷虾粉加标样品色谱图(添加水平 5 mg/kg)

见图 A.6。

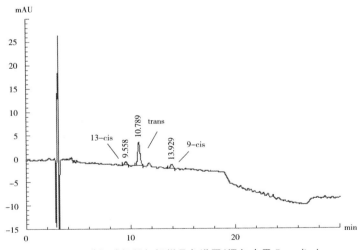

图 A.6 南极磷虾粉加标样品色谱图(添加水平 5 mg/kg)

A.7 南极磷虾油样品色谱图

见图 A.7。

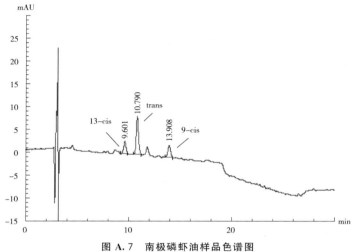

图 A.7 南极磷虾油样品色谱图

A.8 南极磷虾油加标样品色谱图(添加水平 10 mg/kg)

见图 A.8。

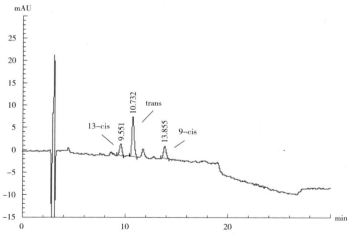

图 A.8 南极磷虾油加标样品色谱图(添加水平 10 mg/kg)

附录3　本书视频二维码合集

如何捕捞南极磷虾？

如何加工南极磷虾油？

南极磷虾资源的开发
与利用（1）

南极磷虾资源的开发
与利用（2）

南极磷虾油的营养价值

水产饲料南极磷虾粉的
营养价值

宠物饲料南极磷虾粉的
营养价值